高职高专"十三五"建筑及工程管理类专业系列规划教材

内蒙古自治区建筑类"十三五"重点教材

计算机辅助施工管理

主　编　任尚万

主　审　李仙兰

U0282279

西安交通大学出版社　国家一级出版社
XI'AN JIAOTONG UNIVERSITY PRESS　全国百佳图书出版单位

内 容 提 要

　　本书主要介绍了建筑施工过程中常用的软件，同时在书中提供了工程案例，便于读者进行练习。全书共分为5章，具体包括：绪论、梦龙智能网络计划编制系统、梦龙施工平面图布置系统、梦龙标书制作与管理系统、品茗三维施工策划软件，最后是附录工程案例。

　　本书可作为高等职业院校工程专业的教材，用于编制标书、进度计划编制、平面图绘制等方面进行软件操作学习，也可作为广大工程技术人员的参考资料。

前　言

在计算机软硬件广泛应用及普及的今天，建筑行业的计算机应用管理优势也逐渐显现出来。计算机辅助施工管理是施工组织与管理和计算机应用技术两个学科相结合的一门学科，是建筑施工管理人员对工程施工实施管理的有效途径。通过使用计算机辅助施工管理软件，不仅可以提高工作效率，实现建筑工程管理信息化、标准化、规范化，又可以为建筑业实现工业化奠定基础。

本书作为内蒙古自治区建筑类"十三五"重点教材，在编写过程中体现"以工程项目为载体，创建学习情境设计课程内容和组织教学，实现产教融合"的精神，以培养应用型高级技术人才为出发点；突出学生职业技能，淡化理论，强调操作过程，采用单元设计的方式，进行任务的导入、分析，确定任务解决方案，并对解决任务的方法进行比较，在层层推进的过程中解决问题。

本书为土建类相关专业施工管理系列实训教材之一，具有如下特点：

（1）满足学生就业需要。以就业岗位的技能要求作为导向，增强学生的就业竞争力。

（2）提升学生学习兴趣。注重理论与实际业务的结合，让学生在体验中提升学习兴趣。

（3）倡导轻松学习。透过案例讲解软件应用和相关知识点，讲练结合，边学边练，让学生轻松学习。

本书既可以作为教学教材，也可以作为建筑企业施工技术人员的参考用书。

本书由内蒙古建筑职业技术学院任尚万主编，高雅琨、魏树梅参与编写，全书由内蒙古建筑职业技术学院李仙兰教授主审，并提出了宝贵意见，本书在编写过程中品茗教育提供了三维施工布置图实例，在此一并表示衷心感谢！

由于编者水平有限，书中错误及不足之处在所难免，敬请读者指正。

编　者
2018 年 1 月

目　　录

绪 论

第1章

1.1 建设工程项目管理信息化概述

随着我国建筑业和基本建设管理体制改革的不断深化,建筑工程项目的管理方式和组织结构发生了巨大的变化,以工程项目管理为核心的企业生产经营管理体制已基本形成,并且随着我国加入 WTO,国际竞争日益激烈,工程项目管理正向着国际化、信息化的趋势发展。

现代工程项目的管理,是一个复杂、艰巨的系统工程,涉及投资、进度、质量、人员、风险、合同、图纸文档等多方面的工作及众多的参与部门,如设计、监理、施工、运营等,使得在工程项目管理过程中信息的采集沟通和协调工作量十分巨大。计算机技术在工程项目管理信息系统中的应用有效地解决了工程项目管理过程中的信息采集、处理和传递,并为管理者提供了准确的决策依据。当今,工程项目的规模和要求出现了许多根本性的变化,工程项目面临一系列的问题和机遇,项目管理工作日趋复杂,对工程项目实施全面规划和动态控制,需要处理大量的信息,处理时间要短,速度要快,又要准确,这样才能及时提供相关的项目决策信息。对工程建设过程中产生的大量数据单靠人工方法整理和计算是远远不能满足项目管理的要求的,许多信息处理工作靠手工方式更是不能胜任的。因此,提高工程项目管理水平,应用计算机辅助管理,进行项目管理信息的处理已成为项目管理发展的必然趋势,计算机辅助管理是工程项目管理有效和必需的手段,因此,计算机在工程项目管理信息系统中有非常重要的意义,它可以极大地提高管理工作效率,还可以提高工程项目管理水平。

1.2 建设工程项目管理信息化的重要性

(1)计算机能够快速、高效地处理项目产生的大量数据,提高信息处理的速度,准确提供项目管理所需的最新信息,辅助项目管理人员及时、正确地作出决策,从而实现对项目目标的控制。

(2)计算机能够存储大量的信息和数据,采用计算机辅助信息管理,可以集中储存与项目有关的各种信息,并能随时取出被存储的数据,使信息共享,为项目管理提供有效使用服务。

（3）计算机能够方便地形成各种形式、不同需求的项目报告的报表，提供不同等级的管理信息。

（4）计算机在建筑工程施工组织与管理中的应用促进了项目管理人员素质的提高，提高了项目的知识结构。计算机的应用，替代了很多简单而繁杂的工作，项目管理人员除了必要的工作外，有了较多的时间可以去"充电"，接受新的知识，这不仅使广大管理工作者自身素质得到了提高，而且使其知识结构也得到了不断的改善。

（5）信息化规范了项目管理工作，工作质量得到了保证。计算机的使用对项目管理工作提出了一系列规范化的要求，在很大程度上解决了手工操作中易出错、易疏漏、涂改等不规范问题，促使项目管理工作更加标准化、制度化、规范化，使得项目管理工作质量得到了有效的保证。

（6）信息化促使项目管理工作职能的转变，为提高项目的经济效益起到了较好的作用。在手工操作条件下，项目的工作人员只能通过手工完成记录、抄写、填表格等，其客观性决定了很多工作只能实现事后管理的职能。实现了计算机管理后，项目工作者可有较多的时间和精力参与项目管理，完成在手工方式下难以完成甚至无法完成的分析、预测等工作，由原事后管理向事先预测、事中控制的职能转变，为提高项目的经济效益起到了较好的作用。

（7）信息化提高了项目管理的效率和精确度，减少了管理人员数目，使管理人员有更多的时间从事更有价值、更重要的工作。

（8）通过计算机能使一些现代化的管理手段和方法在项目中卓有成效地使用，例如系统控制方法、预测决策方法、模拟技术等。

（9）利用计算机网络可以提高数据传递的速度和效率，充分利用信息资源，沟通信息联系。高水平的项目管理离不开先进、科学的管理手段。在项目管理中应用计算机，可以帮助编制项目规划，辅助进行控制决策，帮助实时跟踪检查。计算机辅助施工管理是有效实施项目管理的重要保证。

本课程内容丰富，涉及施工进度计划、施工平面布置图、三维场布及施工方案等，主要使学生掌握依据项目的特点、方案、进度结合拟建工程的不同阶段的要求，使用对应的软件快速、准确地来完成。

本课程是将理论知识的应用与业务实际相结合，在建设工程管理各个阶段都会涉及大量的文档工作、可重复利用的信息资源，可以针对不同业务提供相应的信息化解决方案，通过实例提升学生职业技能。

梦龙智能网络计划编制系统

第 2 章

梦龙智能网络计划编制系统 MrPert 是由北京市梦龙科技开发公司开发的计划管理类软件,其特点为:该软件完全拟人化操作,不用纸和笔画草图,可以直接用鼠标在屏幕上做网络图,智能建立紧前、紧后逻辑关系,节点及编号、关键线路实时自动生成,与表格输入方式做网络图相比功效提高了数倍乃至数十倍。操作该软件不需更多的网络计划知识,只懂得工程、能看懂网络图,就可轻松愉快、快速准确地做出网络图。

MrPert 系统安装的硬件平台为:

(1)PC 及兼容机 CPU 586 以上;

(2)16M 以上内存;

(3)硬盘自由空间在 40M 以上;

(4)显示器支持最好在 800×600 以上。

系统安装的软件环境为:

(1)中文 Win95/WinNT3.51 或英文 Win95/WinNT3.51＋中文平台或以上的操作系统;

(2)IE3.0 以上版本(若使用 Win97 以上版本则不需要安装)。

2.1 基本操作

2.1.1 网络图编辑操作基础

1. 光标指示

为了方便操作,该软件提供了一些方便的操作向导,最常用的是光标指示。对光标的控制主要是通过鼠标或键盘进行的,光标形状的变化引导用户完成各种操作功能。

(1)一般光标 ▣:表明当前是空闲状态。

(2)十字光标 ▣:此光标出现在网络图编辑方式操作时,表明当前光标位置有工作,且光标位于工作的节点上。

(3)左向光标 ▣:此光标出现在网络图编辑方式操作时,表明当前光标位置有工作,且光标位于工作线的左段但不是在左端的节点上。

(4)右向光标 ▣:此光标出现在网络图编辑方式操作时,表明当前光标位置有工作,且光标位于工作线的右段但不是在右端的节点上。

(5)上下光标 ▣:此光标出现在网络图编辑方式操作时,表明当前光标位置有工作,且光标位于工作的中间段。

（6）继续光标 、、、：这些光标出现在网络图编辑方式操作时，表明当前的编辑操作动作没有结束，需要做下一步的动作。

（7）手型光标：此光标一般出现在横道编辑方式操作时，表明当前光标位置有工作条，且光标位于工作的中部。

2. 鼠标操作

通过光标指示控制要完成一项功能，必须借助于鼠标的各种动作实现操作。

（1）左键单击操作。

左键单击操作一般用于选择一个或多个工作的操作。若按下左键，并保持按下状态，然后移动鼠标会出现一个虚框，这表示一个选择范围，用户可以对该选择的内容进行下一步的操作，如移动、拷贝、流水等。

（2）右键单击操作。

右键单击操作用于查看或设置光标所在位置的网络计划的绘图区域内容。如：当光标位于标题区域时，右键单击则会出现标题的设置对话框，进而可改变它们的相关设置。

（3）左键双击。

网络图编辑方式的添加状态，是在屏幕中双击左键，将加入一个新的工作。工作加入的方式将视光标所在位置的情况而定。网络图编辑方式的修改状态，是在工作上双击左键，将出现相应对话框，可以对该工作的某些信息进行修改。在横道图编辑操作时也是如此。

（4）组合操作。

组合操作是指先按住一个组合键，再用鼠标的左键单击等操作完成一些特定的编辑操作。例如，按住 Shift 加鼠标的左键可完成一些特定的操作。

2.1.2 系统界面操作

MrPert 系统界面包括：主窗口、主菜单、通用工具条、网络图/横道图编辑条、网络图格式设置条、状态信息条、窗口滚动条等，如图 2-1 所示。对系统界面上的相关内容的详细操作可参考以下各章节内容，在此不再赘述。

图 2-1 系统界面

2.2　工具条操作

　　工具条是快速编制网络计划、进行动态控制的有效工具。网络图操作中的绝大部分功能都可以通过工具条提供的功能直接或间接地实现。下面 2-2 按图中标注的序号对工具条进行功能介绍。

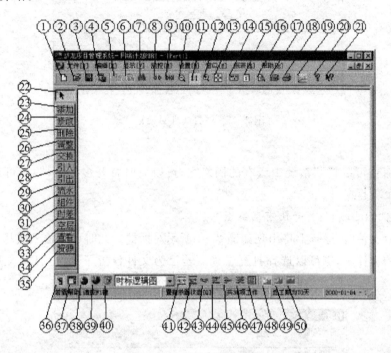

图 2-2　工具条系统界面

2.2.1　通用工具条

　　如图 2-2 所示,通用工具条包括①—㉑各项命令。

1. 新建文档

　　使用该命令可以在系统中创建一个新的网络计划文件。由于系统允许创建多个项目文档,所以在创建新项目文档前,既可以关闭原来打开的项目文档(若有的话),也可以不关闭它们。

　　选中新建文档命令后,将弹出有关新建文档的项目属性的对话框,如图 2-3 所示,此时可以将项目最基本的信息情况进行输入。如果此时不输入,可以在以后任何时候点击"文件"菜单中的"项目属性"选项对这些基本信息进行输入或修改。为了安全起见,可以对网络图设置密码,以防他人改写。

　　☞快捷键"Ctrl+N":创建一个新的文档。

图 2-3 项目属性对话框

2. 打开

使用该命令可以打开系统中已有的网络图;可以同时打开多个文档,也可以从菜单中切换到某一个项目窗口。

☞快捷键"Ctrl+O":打开已有网络图。

打开已有文件时,屏幕上将出现如图 2-4 所示对话框。此时可以输入或从文件清单中选择想打开的文件名,也可以选择打开文件。若已为文件设置了密码,打开文件时系统会给出提示。

图 2-4 "打开"对话框

对老版本的网络图的打开处理:

(1)DOS 版网络图,系统将提示是否转为 32 位格式的网络图。

(2)对 PERT97 版网络图,新系统可以直接打开,若有问题,可以参考"问题解析"。

3. 存盘

使用该命令可以在当前目录下用当前的文档名字存储一个项目文档。若是第一次存储该文档,系统将提示要更换名称存储,出现打开命令对话框可以存储到指定设备上(包括网络上)。如果要改变该文档存储的名字和所在目录,则应选择使用换名存盘命令。

存盘时,软件会将所设置的各项参数随网络图自动存盘,使下次打开的文件保持原样,省去重新设置的麻烦。

　　✍打开的老版本网络图将按新的格式存储,若想保留老版网络图,应预先做好备份。

　　☞快捷键"Ctrl＋S":存储文件。

4. 存为图元文件

该命令可将当前文档另存为 .emf 文件,保存后的文件即可嵌入 Word 等文字处理软件,也可作为图元嵌入平面图软件。见图2-5。

图 2-5　"存为图元文件"对话框

5. 工作拷贝

在工具条中的此按钮可以将选中的工作或工作块拷贝到剪贴板中。

6. 剪贴板

该按钮表示一种状态,即表明在剪贴板中是否有工作内容。当内容为空时,图标会变为无效状态。

7. 网络图检查

经过一段时间的编辑,可以通过该命令检查一下网络图中是否有不合常规的状态出现。在随后出现的检查对话框中选择要检查的项目。见图2-6。

选择确认后,系统将按指定的条件依次检查网络图,并在自动修改前提示确认。经过检查后的网络图将保持一种较合理的状态。

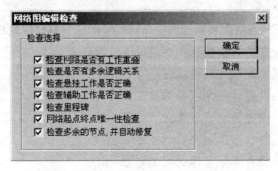

图 2-6　"网络图编辑检查"对话框

8. 撑长图形 ◄►

此按钮可以以不同的比例横向撑长网络图或横道图,连续按此图标其显示的时间刻度会自动进行改变,一直调节到所需的时间刻度或网络图长度,以便显示或打印出满意的网络图。

值得注意的是,由于操作系统的限制,屏幕中图形的纵、横长度不能无限,对于一个很大的图形,可能造成窗口工具条越界。解决方法即是连续按住压缩显示命令按钮。具体参见本章工具条使横向长度变短相关内容。

9. 压缩图形 ►◄

此按钮可以按不同的比例横向压缩网络图或横道图,连续按此图标显示的时间刻度会自动进行改变,一直调节到所需的时间刻度或网络图长度,以便显示或打印出满意的网络图。注意:如果工作名称的显示方式是"自动竖起",在横向压缩的过程中,名称排版会相应地发生变化。

10. 缩小显示 ◯

此按钮可以达到缩小显示网络图或横道图大小的目的,通过显示菜单中的"显示比例",可以用定制比例的方法得到横纵缩小比例不一的显示效果。并且单击此按钮还可实现显示的无级缩放。

11. 1:1 显示 1:1

在工具条中的此按钮可以使用户直接回到原图的 100% 显示状态。

12. 放大显示 ◯

可以用工具条中的放大显示按钮达到放大显示网络图或横道图大小的目的。通过显示菜单中的"显示比例",可以用定制比例的方法得到横纵缩小比例不一的显示效果。对大型网络,通过放大也可能会使窗口滚动条越界,解决的方法有三个,一个是压缩网络,即按"压缩显示命令"图标进行压缩;另一个是减少层距;还有一个是缩小网络图。

13. 显示整图 ⊞

可以用工具条中的整图显示按钮将当前网络图在当前窗口大小内整个显示。单击此按钮即可整图显示网络图或横道图。

14. 网络图属性设置 ▤

可以用此按钮命令对网络图和横道图中编辑和显示的所有属性值进行集中设置、调整。

如图 2-7 所示,设置的属性按照属性设置卡分为以下几类:

(1)属性设置:设置最通用的网络属性;

(2)时间刻度设置:设置时间刻度参数和工程日历等参数;

(3)网图选项设置:设置显示模式等选项参数;

(4)横道参数设置:设置横道网络计划的显示参数;

(5)打印调整设置:设置图形打印时的调整参数;

(6)资源图表设置:设置资源图表相关的各种参数;

（7）图注描述设置：设置网络图描述内容和说明信息。

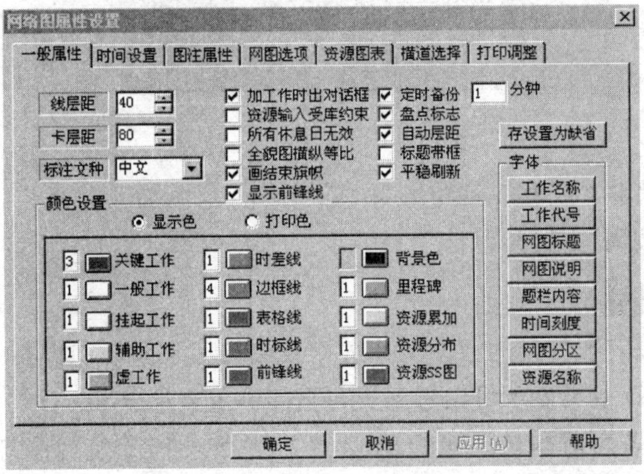

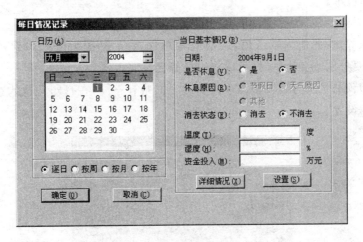

图 2-7　"网络图属性设置"对话框

这七类设置几乎包含了网络图编辑所需要的所有属性设置。

15. 日历设置 ⑤

使用此命令可以设置休息日与日志，如图 2-8 所示。

图 2-8　"每日情况记录"对话框

休息日的设定方式有以下几种方式设置：逐日、按周、按月、按年。

（1）逐日：设置休息日时，需要对休息日逐一设定。

操作方法：首先选择年和月，然后用光标在想设为休息日的日期上双击鼠标左键即可完成设定；在休息日上双击鼠标左键即可撤销休息设定。

（2）按周：可以将整个工程工期中的每一周的某一天设置为休息日。

操作方法：选中"逐周"状态，然后在需要设为休息日的位置鼠标左键双击，出现如图 2-9 提示，确定即可完成。撤销休息日的方法相同。

（3）按月：可以将整个工程工期中的每一月的某一天设置为休息日。

操作方法：与"按周"方法类似。

图 2-9　设置休息日的提示

(4)按年:可以将整个工程工期中的每一年的某一天设置为休息日。

操作方法:与"按周"方法类似。

16. 打印预览

使用该命令可以对要打印的活动文档进行模拟打印显示。在模拟显示窗口,可以选择单页或双页方式显示(双页显示可以看到页与页间的重叠部分)。

操作此命令时,若当前颜色设置为"显示色",系统会提示是否按打印色进行预览。可以根据显示效果直接对打印纵横比例,左边、上边留空,甚至绘图色、线型、字体等进行调整而不必退出预览状态。退出预览状态后,系统会自动恢复到显示色状态。

17. 打印调整

此命令既可以在编辑状态使用,也可以在打印预览状态使用,主要用于各项参数的设置,如图 2-10 所示。

(1)横向、纵向比例:此值可以根据网络图大小进行设置。

(2)限横纵等比:此值为默认值,一般应尽量保持纵横比例相等,以保持图形不变形。当需要微调或要分别改变比例时,可以将纵横等比限制取消。

注意:打印预览状态与编辑状态这两个对话框略有不同,在打印预览状态进行调整时,不再提供"打印设置"。

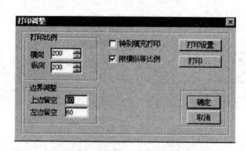

图 2-10　"打印调整"对话框

18. 打印

使用该命令可以打印项目网络图文档。通过该命令打开打印文档对话框,如图 2-11 所示。

在打印文档对话框中可以在此设置打印页的范围、打印份数、选择打印机,以及其他打印选项。

19. 资源图表设置

使用此命令设置网络计划所包含的资源表信息。

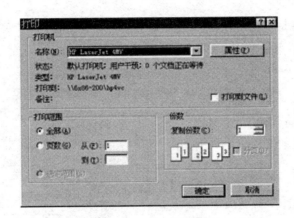

图 2-11　"打印"对话框

20. 关于

使用此命令可以显示该操作软件系统的版权及版本号等信息。

21. 内容帮助

使用内容帮助命令可以获取该操作软件系统中的某一部分的帮助内容。当选择单击了工具条中的"内容帮助"按钮,鼠标的指示光标将发生变化,此时如果单击了系统窗口中的某处,关于这部分的帮助信息将会显示。

☞快捷键 Shift + F1:打开"内容帮助"。

2.2.2　网络图编辑条

要进行各项编辑操作,应首先从网络图编辑条中选择不同的命令状态。如图 2-2 所示,网络图编辑条包括㉒—㉟各项命令。

1. 指示器

该命令表示编辑空闲状态。在此状态下,可以移动一个工作或拉框选取一组工作成组移动,还可以在该工作上双击鼠标对工作内容进行查看。

2. 添加

在"添加"状态,可在光标向导的指示下完成各种添加任务。详细操作参见网络计划编制。

3. 修改

该命令操作方式是:移动光标到工作(线)上,鼠标左键双击出现工作信息卡(见图 2-12),可以对工作内容进行修改。

4. 删除

在"删除"状态下可以删除一个或多个工作,还可以删除节点间的逻辑连线。

5. 调整

"调整"操作可以在图形状态下调整工作间和节点间的逻辑关系。

6. 交换

在"交换"状态下,任何两个工作都可以相互交换。操作方法:移动光标至第一个工作上双击鼠标左键,光标变为持续光标后,再将光标移至另一要交换的工作上双击鼠标右键,两工作即可交换。

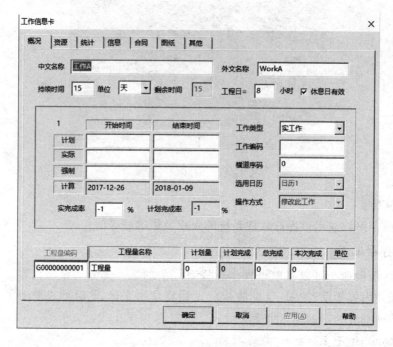

图 2-12　修改工作信息

7. 引入 交换

该命令用于将编辑的状态设置为"引入"。操作方法:在某一工作上双击鼠标左键,出现一个"引入"对话框,选择从剪贴板、文件中或从网络图库中引入若干工作,点击确认后,当前选中的工作将被引入的内容所替换。

8. 引出 引出

该命令用于将编辑的状态设置为"引出"。操作方法:用鼠标左键在工作区背景上(不选中任何工作)单击,并保持按下状态,然后拖动鼠标,此时会有一个虚线方框随鼠标移动。当鼠标弹起后,位于虚框内的工作将被选中,同时有一个"引出"对话框出现。选择将所选的内容引出到剪贴板、文件中或从网络图库中,点击确认后,当前选中的工作将被引出。引出内容可以存放在网络盘上也可以存放在本地磁盘上,实现数据共享。

9. 流水 流水

该命令用于将编辑的状态设置为"流水"。

设置为"流水"的条件:

(1)选择流水基准段,流水基准段中的工作数大于一个;

(2)这些工作必须逻辑上在一条线上,且中间没有分支。

具体操作方法:用鼠标左键在背景上(不在工作上)单击并拖动产生的虚框选择流水基准段;当鼠标弹起后,若不符合条件,系统将提示出错,否则出现流水参数对话框,选择输入流水段、流水层、流水起伏等参数值,点击确定后生成普通流水网络和小流水网络。

10. 组件 组件

该命令用于将编辑的状态设置为"组件"。

操作方法：

(1)成组：用鼠标左键在背景上(不选中任何工作)单击并拖动产生的虚框选择将要成组的工作。成组的条件是：所选择的所有工作必须位于同一层上。

(2)解组：在一个组件所包含的任一工作段上双击鼠标左键，从对话框中选择解组处理即可。

(3)修改：组件的名称通常为组中第一个工作段的名称，也可以在对话框中进行修改。

11. 时差 时差

该命令用于将编辑状态设置为"时差"。

操作方法：

(1)用鼠标的左键在某一个工作上单击，从出现的时差调整对话框中查看并调整该工作的自由时差和总时差等值。

(2)按住 Shift 键，在一个工作的左或右端点单击鼠标并保持按下状态拖动，若此时该工作有时差或网络图有累计时差，会看到网络图实时的调整，同时关键线路也可能会发生变化。

12. 空层 空层

该命令将编辑状态设置为"空层"。

操作方法：

(1)在光标处双击加空层；

(2)按住 Shift 键同时双击可删除空层。

例如在图 2-13 中，在上图光标处双击"空层"命令变为下图，反之，在下图光标处按住 Shift 键同时双击可删除空层，将变为上图。

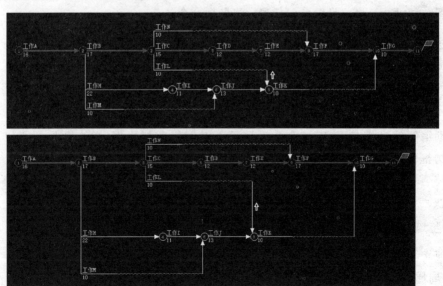

图 2-13　"空层"命令示例

13. 查看 `查看`

设置"查看"状态可查看各工作详细的信息。可以查看工作的概况、资源、统计、信息、合同、图纸、其他设置、时间、关系等内容。见图 2-14。

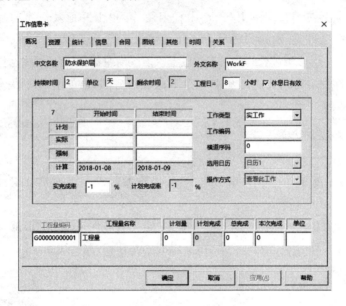

图 2-14 查看工作信息

14. 资源 `资源`

处理资源是一项十分重要的工作,该命令将编辑状态置为自定义资源编辑状态。

2.2.3 格式设置条

如图 2-2 所示,格式设置条包括 ㊱—㊿各项命令。

1. 绘图模式转换 `圖`

该命令是一个切换开关命令,单击此按钮可切换表示模式,可以在标准表示模式和梦龙表示模式间切换。

2. 含边框 `圖`

在网络图编辑状态,使用该命令设置是否对网络图加边框,单击此按钮可以在有边框与无边框两种方式之间进行转换。若当前网络图显示为时标图或时标逻辑图方式,则边框中将含有时间刻度,否则将只显示图注。值得注意的是不含边框的编辑网络图显示速度较快。

3. 整域 `圖`

该命令用于设置绘图时是否显示整图区域。此为默认值。

4. 局域 `圖`

该命令可将当前屏幕范围分割为整图和局部两个绘图区域。如图 2-15 所示。上部分为整体图,而下面是整图中方框选择范围内的内容。

　　方框的大小是根据图的大小而自动变化的。拖动小方框到所要查看的区域,下面会自动显示整图中所选择的内容。这样对于大网络图的操作既能看到整体,又能看到具体部位的详细内容。

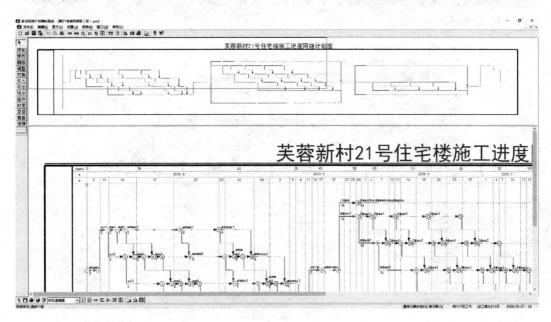

图 2-15　整图和局部图显示

5. 表格横道

　　该命令可将当前屏幕范围均设为横道编辑区域。如图 2-16 所示,使用该命令可提供横道文本输入的方式,但此种方式需要画出草图,整理出逻辑关系后才能生成网络图。

　　一般情况下不建议用此种方式作图,但可以在编制完网络图后转为此种模式,按需要调整横道图中工作的相对位置。

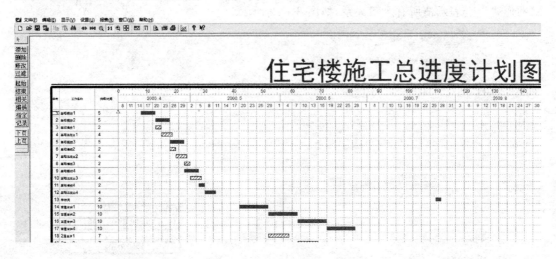

图 2-16　横道编辑显示

6. 时标逻辑网络转换

该命令可设置绘图方式为时标逻辑格式。其特点是采用位错技术，即：在一张图上既可表示时间坐标，又能完全表示各工序间的逻辑关系（见图 2-17）；对于时间短、名称长的工作可自动按时间刻度虚拉开。

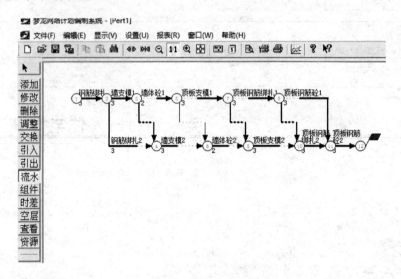

图 2-17　使用"时标逻辑网络转换"命令显示

7. 时标网络转换

该命令可设置绘图方式为纯时标格式。点击此命令图标即可自动转换到此状态，这是传统的时标网络表示法。请注意它与时标逻辑网络间的区别以及这种表示方式的缺陷。

8. 逻辑网络转换

该命令设置绘图方式为纯逻辑格式。只按时间顺序，不按时间坐标表示，可以以最紧凑的形式完全表示清所有逻辑关系，如图 2-18 所示。

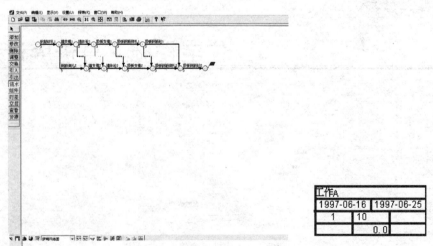

图 2-18　使用"逻辑网络转换"命令后的显示

注意：如图 2-2 所示工具条中㊸—㊺的命令设置从上到下、从左到右依次为：工作名称、起始时间、结束时间、工作代号、持续时间与工作完成的百分比。㊹—㊻不再详细介绍。

序号	工作名称	持续时间	开始时间	结束时间
1	施工准备	10	2016-12	2016-12
2	土方开挖	10	2016-12	2017-01
3	钻孔灌注桩施工	15	2017-01	2017-02
4	基础梁钢筋、砼	10	2017-02	2017-02
5	主体结构施工	40	2017-03	2017-05
6	砌筑工程施工	30	2017-05	2017-06
7	内外墙抹灰	40	2017-06	2017-07

图 2-19 编辑横道图

9. 横道图转换 ▣

该命令可设置绘图方式为横道显示格式。可以在绘制完网络图后将其转化成横道图，转化过程就是一个按钮命令而已。

以上几种图形显示模式之间均可以自动转换。用户可在做出其中任何一个网络图后自动得到其他几种模式。但是当用户先绘制完横道图，若想将其转换为其他模式则没那么简单。这是因为横道图不能像网络图那样具有工序间的逻辑关系（见图 2-19），而要在画横道图同时输入紧前紧后关系，并在不断的编辑修改中维持其正确性是一件不容易事情，而且往往耗费了很大精力，得到的却是错误的结果。

横道图可以自己编辑生成，也可以由网络图转化得到。

10. 不含资源曲线 ▥

使用该命令表明在绘制和显示网络图或横道图时不含资源曲线。

11. 含资源曲线 ▥

使用该命令表明在绘制和显示网络图或横道图的同时含所选资源的各种分布或累加曲线。见图 2-20。

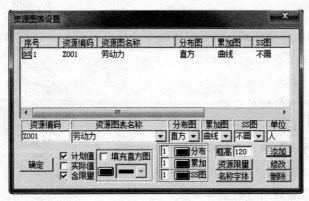

图 2-20 "资源图表设置"对话框

12. 只含资源曲线命令 🖼

使用该命令后则不显示网络图,只显示资源曲线。此命令在时标、时标逻辑、横道显示等几种形式下有效。

2.2.4　横道编辑条

当用户将显示模式设置为横道显示或将编辑域设置为表格横道时,将出现此工具条。与网络图编辑条不同的是:在此工具条中的每个按钮都代表一种具体的操作,如:"添加"代表直接插入一个新工作;而在网络图编辑条中,"添加"表示设为添加状态。在横道编辑条中提供的操作有添加、删除、修改、过滤、起始、结束、相关、编码、指定、记录、上页、下页等命令。

2.2.5　状态信息条

状态信息条用于提示当前操作的有关信息,灵活应用会给用户编制网络图带来方便。在"状态信息条"中,提示的信息依次是:

(1)各种操作的提示信息:如需帮助,按 F1 键;

(2)编辑操作状态提示:如置添加工作状态;

(3)共 x 项工作:网络计划中当前有 x 工作;

(4)总工期 x 天:当前总工期的天数;

(5)当前时间:提示鼠标当前位置的时间,此项信息对于添加独立工作时十分重要,根据此项提示信息,可找到准确的工作起始时间。

2.3　菜单操作

对网络图文档的操作,除了用工具条提供的命令外,还可以通过菜单来实现。另外,还有一些工具条中未出现的命令,只能通过菜单实现。

2.3.1　文件菜单

1. 命令

如图 2-21 所示,在项目菜单中提供了如下命令:

(1)新建:创建一个新的项目文档;

(2)打开:打开已存在的项目文档;

(3)关闭:关闭打开的项目文档;

(4)保存:按原名和路径存储项目文档;

(5)另存为:更改存储名称和路径保存项目文档;

(6)另存为其他格式文件:将当前文档存为".emf"文件;

(7)项目属性:设置该项目的基本属性;

(8)打印:打印项目网络图或横道图;

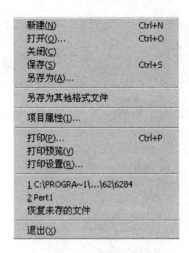

图 2-21　项目菜单

(9)打印预览:打印预览项目网络计划;

(10)打印设置:选择打印机并进行属性设置;

(11)最近打开的文件:列出最近打开过的四个项目文件;

(12)恢复未存文件:恢复上次未存的项目文件。

(13)退出:退出该系统。

2. 特别说明

(1)新建文件:为了避免用户在不知情的情况下创建多个空文档,系统限定当已经有一个空文档打开时,不再创建新文档。

(2)另存为:将当前编辑的文件改名存盘,通过对话框可选择盘符,也可更改路径及文件名等。

(3)项目属性:输入项目名称及编制说明等。当新创建一个文档时,出现该对话框,其中的内容可以当时输入,也可以在之后的任何时候输入。

(4)可通过菜单中提供的快捷键实现菜单功能。如同时按"Ctrl+N"用于创建一个新文档。

(5)打印设置:参考 Win98 说明,可以设置打印机型号、纸张大小、打印方向、是否连续打印等。

(6)恢复存盘:该系统具有智能恢复存盘功能。当计算机断电、操作系统意外出现故障及软件非正常退出,软件会把当前打开的所有文档内容自动保留。重新启动计算机运行该软件时,系统会出现恢复提示,见图 2-23。

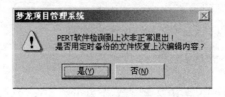

图 2-23　系统提示

选择"Y"则会自动恢复未存的文件;若选择"N",文件将不能恢复,没有再恢复的机会;所以选择时要慎重。

2.3.2 编辑菜单

编辑菜单条的内容与编辑状态条内容几乎完全相同。其中"重做""全选""子网操作"设置项为系统保留内容。见图 2-23。

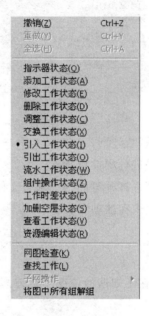

图 2-23 编辑菜单

1. 命令

(1)撤销:取消已经操作的过程,如添加、调整、删除等,最多可取消五步。快捷方式为"Ctrl+Z"。

(2)恢复取消的操作:恢复取消的操作过程,如添加、调整、删除等,最多可恢复五步。快捷方式为"Ctrl+Y"。

(3)指示器状态:是指编辑状态条的初始状态,在此状态下可以移动工作、查看工作和网络图的信息。

(4)添加工作状态:可以通过鼠标左键的操作在工作区添加工作。

(5)修改工作状态:通过鼠标的左键在选中工作上操作可修改此工作。

(6)删除工作状态:可以通过鼠标操作删除工作。

(7)调整工作状态:可以调整工作间的逻辑关系。

(8)交换工作状态:可以完成两个工作位置的交换。

(9)引入工作状态:可以从剪贴板、文件或库中引入若干工作和工序,并替换当前选中的工作。

(10)引出工作状态:可以将选中的若干工作引出到文件或网络图库中。

(11)流水工作状态:可以通过选择流水基准段,生成普通流水网络和小流水网络。

（12）组件操作状态：可以将选中的若干工作组成一个单元工作，或将一个单元组分解成单个工作。

（13）工作时差状态：可以调整一个工作的自由时差、总时差以及使工作浮动。

（14）加删空层状态：可以将工作层间加空层或将空层删除。

（15）网图检查状态：可以选择检查选项对网络图进行检查。

（16）查找工作状态：可以按某种特征在网络图中查找工作。

（17）资源编辑状态：可以按自定义好的资源种类进行资源编辑。

2. 特别说明

从菜单条中设置编辑状态也可以达到利用工具条设置一样的效果。

2.3.3　显示菜单

该菜单条中提供的命令专门用来处理图形的显示。见图 2-24。

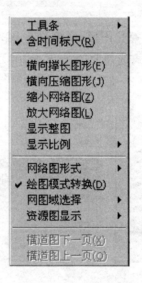

图 2-24　显示菜单

1. 命令

（1）工具条：显示或隐藏该工具条。

（2）网络图格式：显示或隐藏该工具条。

（3）含时间标尺：在网络图中显示或隐藏时间标尺。

（4）横向撑长图形：将网络图横向撑长。

（5）横向压缩图形：将网络图横向压缩。

（6）缩小网络图：以缩小比例显示网络图。

（7）放大网络图：以放大比例显示网络图。

（8）横道图编辑条：显示或隐藏横道图工具条。

（9）显示整图：以当前窗口大小显示整个网络图。

（10）显示比例：缩放显示比例选择。

(11)网络图形式:选择设置网络图的显示形式。

(12)绘图模式转换:选择网络图的绘图模式。

(13)网络域选择:

①整屏编辑域显示:全屏显示网络图。

②双平编辑域显示:可浏览、编辑分屏显示网络图。

③横道编辑域显示:转为横道图显示整图。

(14)资源图显示:

①不含资源曲线:选择在网络图上不含资源曲线图。

②含资源曲线:选择在网络图上含资源曲线图。

③只画资源曲线:选择不画网络图而只画资源曲线图。

(15)横道图下一页:网络图以横道方式显示时,用此命令显示下一页图。

(16)横道图上一页:网络图以横道方式显示时,用此命令显示上一页图。

2. 特别说明

(1) 显示比例:与主窗工具条撑长图形、压缩图形、缩小显示等快捷方式功能相似,但可以更为准确。可以按纵横等比方式选择原图 10%～300%的显示比例,也可以用随意的定制比例:输入横向、纵向比例,见图 2-25。

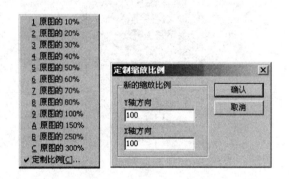

图 2-25　显示比例设置

(2)网图形式:可以在各种网络表现形式间转换,如图 2-26 所示。

(3)网图域选择:如图 2-27 所示。

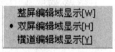

图 2-26　网图形式　　　　图 2-27　网图域选择

2.3.4　设置菜单

设置操作是非常重要的菜单命令,各种网图属性、资源种类、打印参数、日历、网络图库、工程定额以及数据存放路径等都是通过设置菜单定义设定的。在设置菜单中提供了以下命令,见图 2-28。

图 2-28 设置菜单

1. 命令

(1)网络图属性:设置整个网络计划图的各种参数和属性。

(2)打印调整:设置打印的各种参数。

(3)日历设置:设置休息日。

(4)将设置内容存盘:将网络图的参数和设置值存到系统设置文件中。

(5)恢复前次存储设置:将上次设置的参数恢复。

(6)恢复系统缺省设置:将网络图的参数和设置值用系统设置文件中的内容替换。

(7)资源表设置:设置资源的种类以及各种曲线、颜色等其他多项参数。

(8)资源数据库维护:进行资源数据库的添加、修改、删除等操作,进行资源的维护。

(9)工程定额库维护:对工程定额库进行添加、修改、删除等操作。此设置项为系统保留内容。

(10)工作字典库维护:建立工作种类与工种逻辑关系的智能数据库。此设置项为系统保留内容。

(11)网络图数据库维护:建立树状分类的各种网络图数据库。

(12)数据库定义位置:定义各种数据库的存放位置。

(13)自定义资源图设置:可以设置各种自定义资源的种类以及其他相关参数。

2. 特别说明

对资源数据库、工程定额库、工作字典数据库、网络图数据库、数据库定义位置维护的详细说明。

2.3.5 报表菜单

本菜单目前提供打印两类报表:打印日历与打印日报。

(1)打印日历。单击"打印日历",会出现如下提示"打印前是否需要预览",如果选择"预览",则出现如图 2-29(1)所示内容。满意后就可进行打印,日历将打出设定幅面的日历表,包含设置的休息日等。选择横向或纵向打印时,系统会自动调整。

(2)打印日报(保留)。选择此项功能,会出现如图 2-29(2)所示的对话框。打印日报前,必须已通过"日历设置"命令记录了至少一天的信息。此时,可以选择日报的起始时间以及有关休息日的选择。确定后,选择范围内若有日志情况即可打印;若没有,系统则会提示没有记录任何信息。

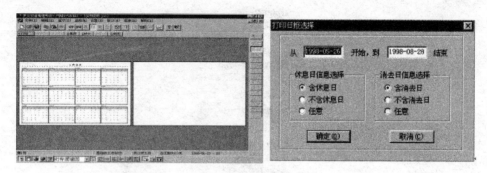

(1)打印日历   (2)打印日报时弹出的对话框

图 2-29　报表打印

2.3.6　窗口菜单

1. 命令

在该菜单条中提供的命令将帮助用户安排应用中出现的多个视窗。见图 2-30。

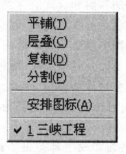

图 2-30　窗口菜单

(1)平铺:将当前打开的多个文档窗口平铺,不覆盖。

(2)层叠:将当前打开的多个文档窗口层叠,以覆盖方式显示。

(3)复制:将当前活动窗口复制,产生一个新的文档窗口,两窗口内容相同。

(4)分割:整图分割显示。

(5)安排图标:将已缩小为图标的文档排列整齐。

(6)菜单最下面列出所有已打开的文档的清单。

2. 特别说明

一般情况下,窗口都是最大化的,通过窗口右上角的 ⊞ 表示,若想操作两个以上的文档窗口,可以使它们以平铺、层叠方式显示。"分割"功能已由编辑区域分割功能约束,故不能随意分割窗口。

2.3.7　帮助菜单

1. 命令

帮助菜单提供的命令将辅助用户使用该系统,见图 2-31。

图 2-31　帮助菜单

(1)标题:提供关于本系统的帮助标题索引。

(2)关于:显示本系统的版本和版权等信息。

2. 特别说明

随时按 F1 键,即可得到关于该软件的随机帮助材料。

2.4　工作

2.4.1　工作分类

网络图中最基本的元素就是工作,有时也称工序。表示工程项目的工作有以下几种:实工作、虚工作、子网络(工作)、里程碑(工作)、辅助工作及挂起工作。正确地理解并运用它们将有助于编制出符合实际的合理的工程网络计划。以下将分别介绍它们的含义和使用。

1. 实工作

实工作是最一般、最平常的工作。一般地说,任何需要一定的时间和资源才能实现的工作都可以称为实工作。见图 2-32。

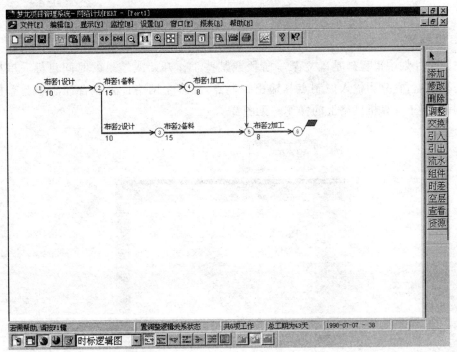

图 2-32　实工作示例

2. 虚工作

虚工作不是实际意义上的工作,而是一种逻辑连线,它表示某些工序间的逻辑关系。

虚工作是怎样产生的呢?例如我们要建立工作"布套1备料"和"布套2备料"之间的关系,即布套2备料的紧前工作为布套1备料与布套2设计。若要求在布套1备料与布套2设计做完之后才能做布套2备料。此时就要通过逻辑连线——虚工作来表示,如图2-33中虚线所示。虚工作体现了一种逻辑关系,并不是实际的工作。在实际应用中,如果能用其他方法表达清楚逻辑关系,应尽量不使用虚工作。

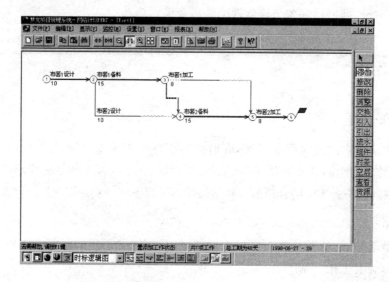

图 2-33 虚工作示例

3. 里程碑

在网络计划中里程碑是确立某一阶段或某些工作开始或结束的时间目标。里程碑的本质是控制点,它分为输入控制点和输出控制点,在多个网络计划联合控制中起着桥梁作用,尤其有利于计算机网络上的操作。见图2-34。

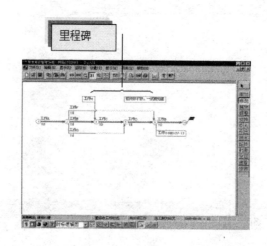

图 2-34 里程碑示例

建立里程碑与添加工作一样,只是在工作信息卡中将工作类型选为"里程碑"即可。里程碑的一个特殊用途是:用它可以在任意位置给网络图添加简单的说明。

4. 辅助工作

在很多时候,我们会遇到这样一些实工作,它们可能与主工序时间相同,但却又不是关键工作。例如宣传思想工作、伙食工作,它们都是实工作,但其工期却由其他实工作的工期来定,随它们的工期延长而延长、缩短而缩短。它们却永远不能成为关键工作。这样的工作就称为辅助工作。

如图 2-35 中将安全宣传工作设为辅助工作,虽然时间不变,但它再也不是关键线路了。

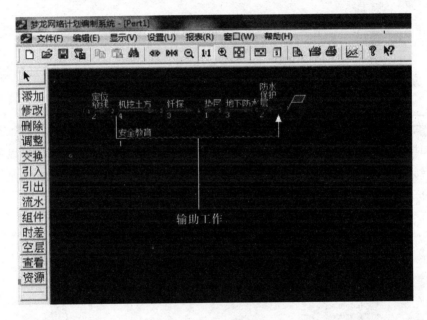

图 2-35　辅助工作示例

需要强调的是:辅助工作均是作为其他工作的"伴侣"出现的。其工期由它所相伴工作的前后端点来确定。

5. 挂起工作

挂起工作是另一种特殊的工作,需要时间消耗而不需要资源消耗。它被用来表示某项工作在指定时间段内不能实施而处于等待状态。

当施工中出现如水泥养护或者遇到暴雨等糟糕的天气情况时,某项工作可能需要等待或间歇一段时间,待条件允许再继续实施。此时就需要要用挂起工作来解决。挂起工作的创建与其他工作类似,即简单地在添加或修改时,将工作信息卡中的工作类型选为"挂起工作"即可。表示方法如图 2-36 所示。

用挂起工作除了可以表示工作等待或间隙外,与组件工作结合使用还可以解决搭接问题。

6. 子网

该项设置在系统中属于保留内容,此版本不提供此功能。

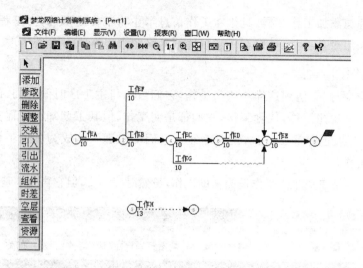

图 2-36　挂起工作示例

2.4.2　工作信息卡

编辑时最常用的设置是添加、修改。以上所列出的任何一种工作几乎都可以通过添加或修改得到。而创建各种类型的工作离不开"工作信息卡"。工作信息卡中包含了大量关于工作的信息，如图 2-37 所示。工作信息卡由以下几部分组成：

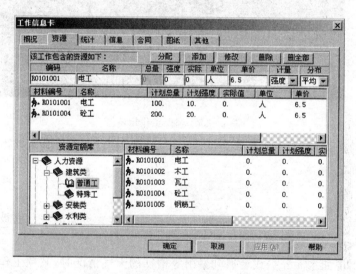

图 2-37　工作信息卡

1. 概况信息卡

最初创建工作时，只需在此卡中将中文名称和此工作的持续时间给定即可，其他信息都可以不输。

（1）工作名称类。

用户可以给一个工作同时输入中文名称和对应的外文名称。在网络图中以何种文字显示将由属性设置中的选择设定，如可以选中文、外文、中外文或外中文等不同情况显示。

（2）工作时间类。

①单位：可以是天、小时与分钟。对于一些要求控制精度很高的工程项目，单位可以细分到分钟。另外，可以用实数表示工期的天或小时，如 1.5 天、10.5 小时等。

②工程日（制）：可以设定每个工程日为若干小时。对于一些特殊工作，如扰民工程可能每天限制几个小时来做，而一些紧迫工作可能要求是 24 小时连续作业。这就要求对每个工作可以单独设定其工程日制。

③休息日有效：如果设置休息日有效，表明该工作碰到休息日时，其工期要按休息日顺延。当有些工作必须连续作业时，可以将此项设置设为无效。

④开始时间与结束时间设置：其中可设计划、实际、强制等几种。这些时间值一般都不需要输入，除非用于控制。

（3）工作进度类。

工作进度是用完成率来描述的。

①实完成率：默认值为 -1%，此值表示工作仍未进行。当输入了实际完成的百分比后，系统会自动生成前锋线图。

②计划完成率：默认值也为 -1%，表示工作未进行。

（4）其他设置类。

①工作类型：工作的类型设置在此设定，可选值为实工作、虚工作、子网络、里程碑、辅助工作与挂起工作，默认值为实工作。"子网络工作"在此版本暂不提供。

②工作编码：工作编码共十五位。可参考工具条横道图部分内容。

③横道序码：为横道图手工排序时使用。即当用户给定了每个工作的顺序号后，以后对它们手工排序。

④选用日历：梦龙公司暂时保留其设置。

⑤操作方式：它提示用户打开工作信息框的方式。用户可以在添加工作时作适当的改变。以减少误操作。在修改和查看状态，其中的内容不可变。

2. 资源信息卡

资源卡用于设置一项工作所需要的资源。资源的输入可以在添加工作时输入，也可以通过对工作修改加入。如图 2-38 所示。

（1）与该工作相关的资源。

可以通过该卡片中提供的添加、修改、删除等操作输入各种与该工作相关的资源。其中：

①编码：既可以直接输入，也可以从资源定额库中选择。若是从库中选择的内容，资源编码是不可修改的。

②名称：可以输入，也可以从资源定额库中选择（控制版功能）。若名称不合适可以随时修改。

③总量：是一种分布值，它与强度值密切相关，总量值＝强度值×工期。用户只需要在选择合适的计量方式后，输入总量或强度值中的一个即可。

④实际：此值在网络控制时才用到，此处可以不输入。

⑤单位：从定额中选择的资源，其单位一般是固定的，若有不合适的资源单位，可作适当的修改。

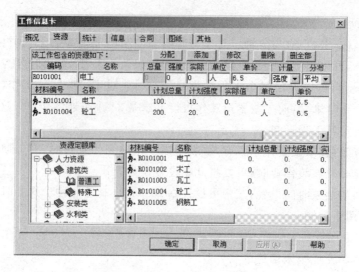

图 2-38 资源信息卡

⑥单价：表示单位资源的费用，操作同上。

⑦计量：计量方式有四种，即总量、强度、常量与复用。该系统中只用到前两种方式。表示资源的投入方式。

⑧分布：包括四种分布方式，即平均、正态、集中与三角。该系统目前只采用平均分布形式。

（2）资源定额库。

资源定额库中的内容是从用户指定的数据路径中的资源库中读取的，其内容可以通过"设置"菜单中"资源数据库"中定义和维护。

3. 统计信息卡

统计卡中的信息如图 2-39 所示。此卡中将显示对该工作所含资源费用等情况的统计：包括人工费、机具费、材料费、管理费、其他费等几项。当用户不输入资源或只想输入计划值时，可以采用直接输入的方式而不用统计值。

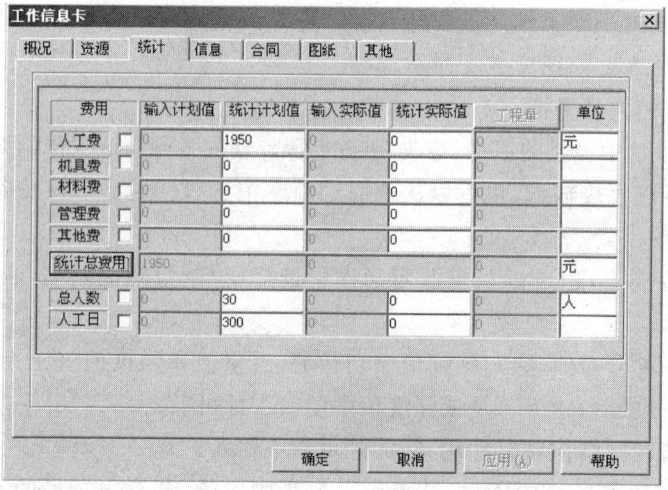

图 2-39 统计信息卡

（1）直接输入资源值。

选择输入开关，"输入计划值"与"输入实际值"变为有效状态，单位默认为元。然后输入费用、总人数、总工日等有关内容。"统计总费用"栏中的数字会随费用输入的内容变化而自动发生变化，若遇到不及时变化的情况，请点按"统计总费用"按钮。

（2）统计资源值。

在这种方式，"统计计划值"与"统计实际值"将为有效状态。这些值来源于对资源卡中与该工作相关的资源内容的统计。

（3）工程量分配和统计（保留）。

该设置命令属于网络计划控制版本功能，在此不赘述。

4. 描述信息卡

此卡主要记录有关本工作的基本描述信息，如图 2-40 所示：其中包括记录负责人、施工地点以及有关本工作的详细的工作记录。

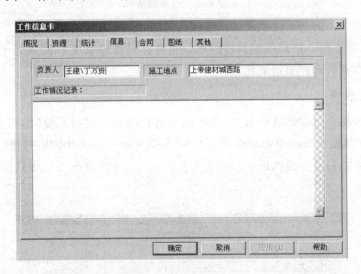

图 2-40　描述信息卡

5. 合同信息卡

本系统可以实现网络计划与合同的关联和冲突检测。它与"梦龙合同管理与动态控制系统"进行信息交换和数据共享，从而实现合同的动态管理，使合同管理不仅仅作为一个静态的文档管理。见图 2-41。

在合同信息卡片中包括上下两部分，上列表为与本工作有关的合同的详细内容，下列表为与该网络计划相关的所有合同的详细信息。

从所有合同列表中选择合适的合同，添加到上列表中。具体方法为：可以简单地通过鼠标的双击操作实现添加和删除操作：从下列表信息框中选中与本项工作相关的合同，然后选择"添加"或者双击，即可将其选入上半部分信息框中。从上列表选择内容后，选删除或直接双击合同项完成删除操作，还可以用"删全部"操作删除所有相关合同。相关联的合同将随工程的执行进度情况进行冲突检测。

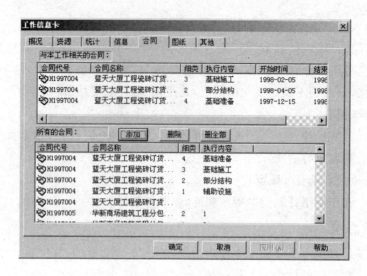

图 2-41 合同信息卡

如果某一项工作因为不可预测的因素需要进行更改,则它的更改可能与有关的合同发生冲突,即与合同不符。用户可经常性的检查和与合同管理系统的信息交互就可有效地避免因不能及时发觉合同冲突造成的损失。

6. 图纸信息卡

图纸信息卡用于设置该软件与"梦龙图纸文档管理动态控制系统"的相互关联信息,见图 2-42。设置及操作方法与合同设置基本相同,但它可以输入提前时间值。

系统间的数据共享可使图纸文档的管理也实现动态化,而不仅仅将其作为一个静态的文档管理。

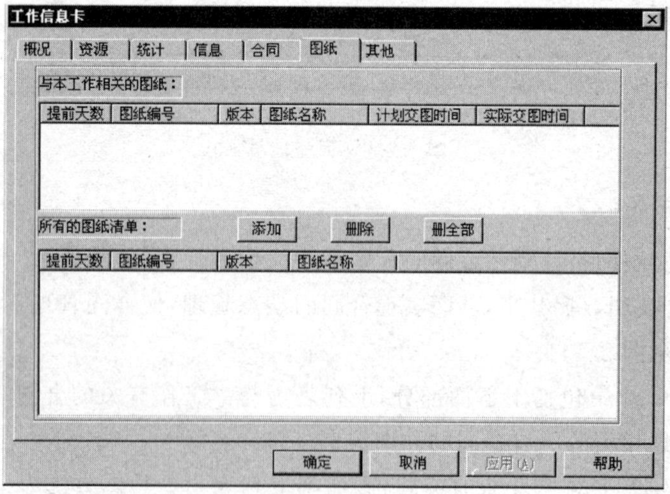

图 2-42 图纸信息卡

建立好关联关系后,当工程进度发生变更,系统将自动检测出与本项工作相关联的有关图纸项,检测图纸的到位及其他情况,从而对图纸文档实现有效的动态管理,反过来也可以对网络计划产生影响。

7. 其他信息卡

此项主要包括一些有关的参数,具体内容见图 2－43 所示。

本卡片包括以下几部分内容:

(1) Pert 网络参数。

该设置包括最短时间、最可能时间、最长时间等项。不同的时间设置将对工程工期预测、控制、优化等产生很大的影响。

(2)工作名称处理。

该设置设定各种显示的方式和风格,主要用于作图排版。

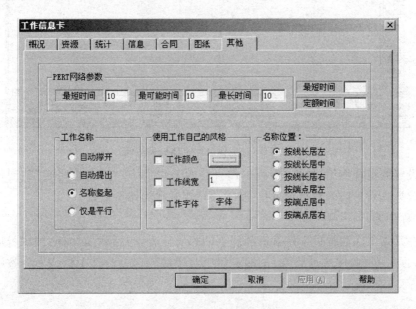

图 2－42　其他信息卡

"工作名称"包括自动撑开、自动提出、名称竖起和仅是平行等四项选择。主要是为了解决工作时间与工作名称不相配的问题,另外它还可以有效地控制网络图的输出长度。实际上,在做网络计划时,经常遇到持续时间短而名称长的工作,尤其在做大型网络图而又需要输出在较小的纸张上的网络图时,会经常用到这几项功能。

A.自动撑开:该功能是按工作名称的长度将表示工期的线长度自动撑长以便于显示名称。

B. 自动提出:该功能可以将工作名称提出,放在图中右边说明栏中。

C.名称竖起:该功能是当遇到长名称时,名称自动叠起为若干行,这样可以有效地缩短整个网络图的长度。该项为默认状态。

D. 仅是平行:该功能是指工作名称会照其长度显示,不竖起,也不提出。这样可能会与其紧后工作名称造成重叠,适当地调整相关工作的层距也可以达到美观的排版效果。

(3)名称颜色和字体。

该命令可以对所有工作的字体型号、颜色等进行统一设定,同时也可以选择工作自身的字体型号、颜色。如图 2－44 所示。

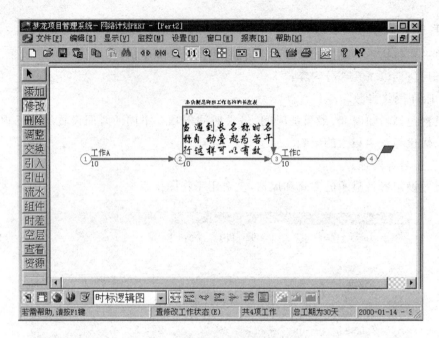

图 2-44 对工作名称字体型号的修改

以上设置的组合使用,如将"使用工作自身的工作字体"与"名称竖起"共同使用,会产生很好的效果。对于前景色与背景色,梦龙公司将其作为保留设置。

(4)名称位置。

该命令是指工作名称位于持续时间线上的相对位置,包括六项选择:按线长居左、按线长居中、按线长居右、按端点居左、按端点居中与按端点居右。其中默认值为按线长居左,如图 2-45 所示。

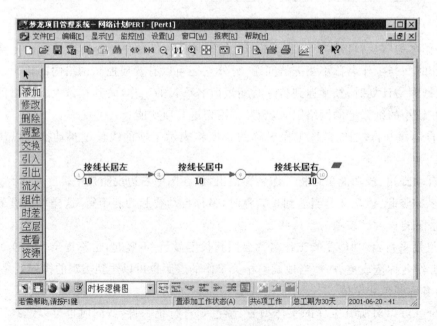

图 2-45 对工作名称位置的设置

2.4.3　工作日志

在实际施工过程中,可能有许多不可预测的因素对工程的施工进度造成影响。系统中提供工作日志就是为了将它们记录下来,从而对整个工程的管理和控制自然形成一本完整的工作档案。

工作日志可以用两种方法记录:一是随"工作信息卡"中"信息"项逐一作记录;另一方法是在设置菜单的日历设置中按工程日进行记录。

2.5　资源图表处理

2.5.1　资源的定义

资源可分为狭义资源与广义资源两种形式。狭义的资源是指传统意义上的人力、材料、机具,即工程上称为工料机资源。广义上讲,资源可以泛指工作中的任何需求。它们是可以被分布、累加与统计的各种信息(可以参考资源图表设置与工作信息卡)。为此可将除人、机、材等基本资源曲线以外的其他各种曲线统一称为资源曲线。如管理费、总费用、总人数、人工日、工作交接、开始工作数与结束工作数统计等。

因此,梦龙软件系统以传统方式管理资源输入和维护;同时,按广义概念管理资源种类和分布曲线输出。

2.5.2　资源分类表

1. 工作含资源类统计

资源数据库用来管理分类的各种资源,一般包括传统意义上的人力、机具、材料等。网络图中所用到的各种资源会被分类汇总统计,形成一个资源分类表。除此之外,管理费、总费用、总人数、人工日、工作交接、开始工作与结束工作等几项统计值作为常量始终存在于资源分类表。因此网络图的资源图表分为两类:附加的资源统计表与基本的资源统计表。其中,后者就是始终存在的资源图表,共计 11 个。

2. 自定义资源图项

对于自定义的资源项,也将被加入到资源分类表中。自定义资源图是一种描述任意资源分布的曲线图。它在处理宏观调控、快速计划分布资源等方面非常便利,故也被作为一种资源列入资源分类表。

添加的方法如下:

第一步:从"设置"菜单中点击"自定义资源图设置",出现如图 2-46 所示对话框。

第二步:在框内输入自定义资源的编码、名称与单位,系统会在输入的编码前码加"Z"以区别,表明是自定义资源类。选"添加"将所输入的资源添加进去。系统会将这些定义好的资源项加进该网络图的资源种类库中,这在"资源图表信息"中会有体现。

第三步：依次加入所需定义的资源项，以后可以随时输入自定义资源的分布值。

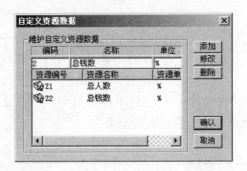

图 2-46 "自定义资源数据"对话框

2.5.3 网络计划资源输入

在编制网络计划时，该系统提供了若干种资源输入的方法。

1. 以工作内容形式输入

在添加或修改工作时，按工作分布从工作资源卡中输入。

(1)受资源库约束的输入。

首先可打开网络计划图属性图标，查看"资源输入受库约束"是否在有效状态。如果是此种状态，必须有一个已经输入好了的资源种类定额数据库（通过资源数据库命令建立和维护，可参考设置菜单中"维护资源数据库"项有关内容）。

在添加或修改一个工作时，该工作的资源信息卡片中会出现一个资源库的索引树列表，当添加到工作中的资源不属于资源库时，系统会给出以下提示（见图 2-47）。

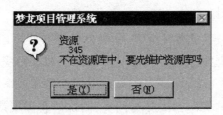

图 2-47 系统提示

建议用户先将该资源加入到库中。用户可以选择先维护库，在库中将此项资源加进去以后再分布此项资源，如果选择"否"，则可以直接将此类资源加入。该种输入法有利于保证用户输入有效的资源。

(2)不受资源库约束的输入。

该种输入法可以有较大的灵活性。在此状态下用户可以不受资源库约束地给每一个工作加入任意输入的资源内容（可以随意输入也可以从库中选择）。此时要注意的是，资源是以资源编码唯一来区分的，在不同工作中的同种资源的编码必须一致。否则其后的统计处理可能会产生不可预测的后果。

注意：如果输入的资源编码与已定义好的编码相符时，则对应的资源项会自动列出。

如果编码的第一个字母为 R、J、C 时，系统会自动统计为人力资源、机具设备资源和材料资源，其费用也会统计到相应的费用中。

(3)通过工程量定额库的资源子表分配输入(系统保留设置)。

在添加或修改工作时，该工作的基本情况信息卡中的工程量定额按钮允许用户从一个工程量定额数据库中选取一个与该工作相关的工程量。该工程量所包含的资源列表可以通过点击资源卡片的分配按钮分配到工作的资源列表中，原先已有的资源内容将被清除。分配完成后，用户还可以添加其他的资源内容。

(4)直接输入各种费用。

在弹出的信息卡中，单击"统计"会出现如图 2-48 所示内容。点击"统计总费用"，其统计值是根据所输入的资源自动计算的值。在此状态下，还可以将其中某一项选为有效状态，给定其费用。如图 2-48 所示，选中"其他费"，直接输入费用值，然后点击"统计总费用"按钮，进行总费用统计。

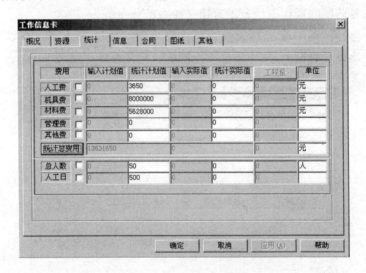

图 2-48　统计资源费用对话框

2. 以工期阶段分布输入

该输入设置表示在编制好网络计划图后按工期分布资源。

该设置可自定义资源曲线的种类。这种方法有它独特的使用场合。这种设置方式要求事先定义分布资源的种类，而不能从库中选择。

具体操作步骤如下：

第一步，从设置菜单中执行自定义资源设置命令。

第二步，在出现的对话框中添加所需的资源种类(包括编码、名称、单位等)，添加的内容将作为该网络图的一种新的资源种类。

第三步，在网络图含时间刻度状态下，点击编辑条中的"资源"按钮，设置编辑状态为资源。也可以先完成下面第八步内容，资源分配时，实时显示资源曲线。

第四步，在网络计划图项目工期范围内，用拖拽鼠标选择时间段，出现资源量输入对话框，如图 2-49 所示。

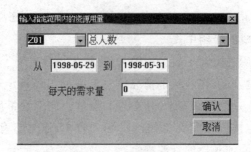

图 2-49　资源量输入对话框

第五步,从对话框中选择定义的资源并输入该时间段所需的资源分布量,时间不准确时可以进行调整:一是在此卡片中直接修改起始与结束时间,二是重新用鼠标点按正确的时间段(对已有资源分布的资源段,也可以通过鼠标重新选取时间段进行资源的更改)。

第六步,重复上述第四、五两步得到一种资源曲线的分布值。

第七步,重复前面的操作得到若干自定义曲线的分布值。

第八步,从"设置"菜单或工具条或直接在网络图或横道图的底边界以下点按鼠标右键,弹出资源图表设置对话框,从中设置要绘制的自定义曲线。见图 2-50。

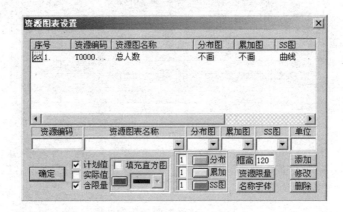

图 2-50　资源图表设置对话框

当编制好一个网络图后,可以按工期的时间段分配各种资源的数量。

2.5.4　处理资源图表

资源图表命令用于对网络图资源图表进行设置和选择。

1. 资源分类

任何一个网络图都包含基本的资源统计表,即资源图表默认的 11 项。当网络图中含有资源时,就会有附加的资源统计表。

凡是网络图中工作包含的资源项都会作为资源类出现在资源图表的分类列表中。只要它们有分布值,就可以选择得到其分布曲线和累加曲线。

由于资源分布是有时间约束的,因此只能按照时标逻辑、时标网络图、横道图这三种方式绘制(在显示时间刻度的情况下才出现)。

2. 资源图表内容

资源图表设置对话框中包含以下几类内容:资源种类列表、资源曲线绘制参数、当前要绘制的资源清单。如图 2-51 所示。

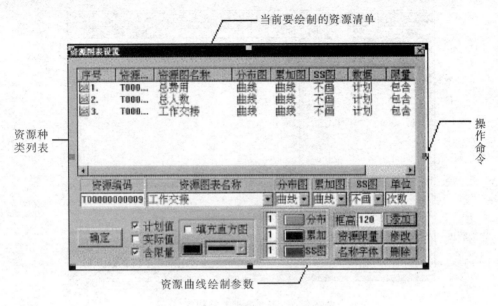

图 2-51　资源图表设置对话框

3. 设置资源图表

具体操作步骤如下:

第一步:从资源种类列表中选择合适的内容。

第二步:设置合适的绘图方式和绘图参数。

第三步:将相关信息添加到要绘制的资源曲线清单中。

第四步:当感觉不满意时,可以从资源分布清单中选择一项修改或删除。

第五步:作为结束设置,此时,曲线是否绘制,要看当前是否是时标逻辑图、时标图或横道图显示方式,并且资源图表与相应网络图的关系是否为"含资源图"或"只画资源图"状态。

注意:选好的资源种类列表,可单击鼠标左键修改其顺序号,使其重新排列顺序。

2.6　数据库维护

2.6.1　资源数据库维护

资源数据库的维护包括定义资源的种类,对资源单位、各种表示方式以及资源配比等参数进行设置。

1. 资源库目录结构的维护

选择菜单设置中的资源数据库维护项,会出现资源数据库维护的窗口。

初始情况如图 2-52 所示,左边区域为基础类定额库结构,它包括人力定额库、机具定额库、材料定额库和其他定额库等四类。这四个基础类是资源数据库固有的,用户可以对这些基础定额类进行各种操作,包括加同级目录、加子目录、删除与修改等四种。

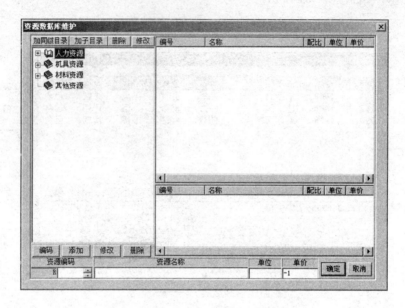

图 2-52　资源数据库维护窗口

对基础定额库(可以根据本地方定额库或企业自己的内部定额库)进行操作时,应首先定义编码,即库的结构级别,单击编码,会弹出如图 2-53 所示菜单。

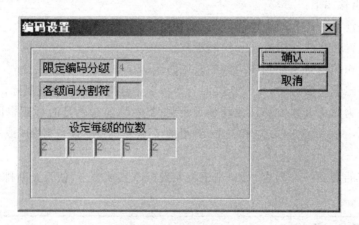

图 2-53　"编码设置"菜单

其中:限定编码分级最大为 5,可以设定每级的位数,它的多少直接受编码分级的限制。编码的分级多少直接限制了定额库结构的级别,另外这些编码的总位数小于等于 12。

编码确定后的任务就是确定资源数据库的分类目录结构。操作如下:

(1)加同级目录。

在初始状态下,单击"加同级目录",会弹出如图 2-54 所示对话框。输入分类编码(编码的位数受资源编码的限制)与分类名称,确定后,该新项被加到资源库。

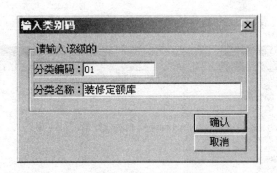

图 2-54 "输入类别码"对话框

(2)加子目录。

首先选定要加子目录的定额库,选择了人力定额库后,单击"加子目录",会弹出上图所示的"输入类编码"的对话框,将分类编码与分类名称输入后,确定即可。

注意:加子目录的级别受资源编码的直接限制。如果超过级别,会出现如图 2-55 所示的提示。

图 2-55 超过级别后的提示

当所设的级别不够时,可以将资源编码的类别数目加大,最大为 5 级。

(3)删除。

首先选定要删除的资源类别,然后点击确定。将人力资源中的"装修类"删除,会出现如图 2-56 所示的提示,选择"Y"后,会将与此类资源相关的内容一并删除。

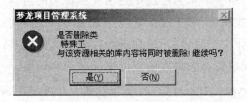

图 2-56 是否删除的提示

(4)修改。

首先选定要修改的资源项,单击"修改",会弹出有关此资源的分类编码提示对话框,修改后点击确定即可。或者在要修改的设置项上点击两下(非双击),在该项上出现的编辑框中可以修改名称,但不能改编码。

2. 基本资源内容的维护

当基础资源库确立后,就可以进行基本内容的定义设置。对基础资源内容的操作包括以下几种:添加、修改、删除和编码。

（1）添加操作：选定要添加的基础数据库类别，如图 2-57 所示。

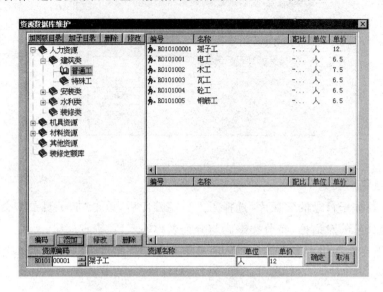

图 2-57　选定要添加的基础数据库类别

首先选中"普通工"，然后在如图 2-57 所示的位置输入编码、名称、单位与单价等内容，单击"添加"，即在普通工下加入"架子工"。以此类推，添加完该类的内容。

（2）修改操作：首先选定要修改的资源项，然后输入修改后的内容，单击"修改"即可。

（3）删除操作：与"修改"的操作过程基本相同。

（4）编码操作：输入的资源的编码由两部分构成，前半部分表明目录分类树的路径，后半部分表示该类中的序。

维护好资源数据库将为用户以后的工作带来便利。资源数据库维护对话框包含以下内容：

（1）资源库索引：用于分类管理资源数据库；

（2）资源数据库列表：用于显示当前选中的在资源种类的内容；

（3）资源库目录操作按钮组：用于维护资源库索引的目录结构；

（4）资源数据库列操作按钮组：用于维护资源库最小类的内容；

（5）编码按钮：用于设定资源数据库的资源编码结构和位数。

注意：当资源数据库表已经有内容后，资源编码就不允许再改动。资源数据库中，系统提供了四种基本的资源类型：人力、机具、材料、其他，这几项内容作为基础类不允许被删除。因此需仔细确定正确的资源分类，尤其是在建立企业自己的内部资源数据库时应尤为注意。

3. 资源子表配比

若某一资源项是由其他资源项组成的，就需要为该资源进行资源配比。操作方法如下：

第一步，在资源细表中选择要配比的资源项，在资源编码上单击鼠标右键，出现对话框，如图 2-58 所示。

第二步，从资源库中选择该选中资源的组成项。有两种方法：

（1）方法一：从列表中选择内容，然后点击添加操作，该内容就成为综合资源的一个子项。

（2）方法二：直接在选中项上双击鼠标左键，就可以将其加入到子表中。

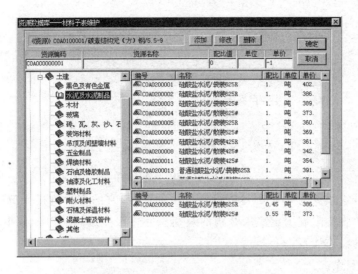

图2-58 选择要配比的资源项

撤销子项时,是在子表中选择内容项,点击"删除"按钮即可。

注意:添加子项时,要先确定资源子项的配比。若输入的资源配比值不正确,可以从子表中选中它,从上部的输入点输入正确的值,点击"修改"即可。

第三步,当完成子项的配比后,点击"确定"退出,即得到该资源项的组合。

注意:一个综合资源不能成为另一个资源的子项;一个资源不能是自己的子项。

2.6.2 工程量定额数据库维护

1. 定额库目录结构的维护

选择菜单设置中的"工程量定额数据库维护"项,会出现工程量定额数据库维护的窗口,如图2-59所示。

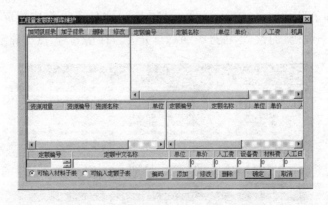

图2-59 "工程量定额数据库维护"窗口

图2-59左边区域为工程量定额库的目录结构,对其操作包括加同级目录、加子目录、删除与修改四种,与第一节资源数据库的目录维护相同。

对工程量定额(可以根据本地方定额库或企业的内部工程量定额)进行操作时,应首先定义编码,即库的结构级别,单击"编码",会弹出如图2-60所示菜单。

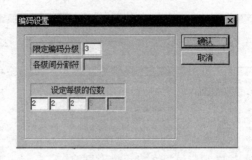

图 2-60 "编码设置"菜单

限定编码分级最大为 5,下面可以设定每级的位数,它的多少直接受编码分级的限制。编码的分级多少直接限制了定额库结构的级别。另外这些编码的总位数小于等于 12。对分类目录结构的操作如下:

(1)加同级目录。

单击"加同级目录",会弹出如图 2-61 所示菜单。

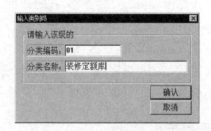

图 2-61 "输入类别码"菜单

输入分类编码(编码的位数受资源编码的限制)与分类名称,点击"确认",即加入了"资源定额库"。

(2)加子目录。

首先选定要加子目录的定额库,如图 2-62 所示选择了人力定额库后,单击"加子目录",会弹出"输入类编码"的菜单,将分类编码与分类名称输入后,点击确定即可。

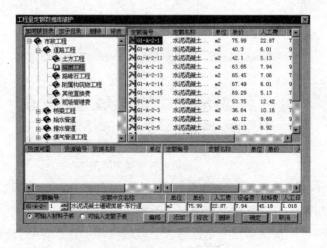

图 2-62 选择人力定额库后窗口

注意:加子目录的级别受资源编码的直接限制,如果超过级别会出现如图2-63提示。

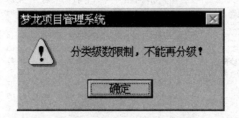

图2-63 超过级别出现的提示

当所设的级别不够时,可以将资源编码的类别数目加大,最大为5级。

(3)删除。

首先选定要删除的资源类别,然后点击确定,将人力资源中的"装修类"删除,会出现如图2-64所示的提示。选"Y"后,会将与此类资源相关的内容一齐删除。

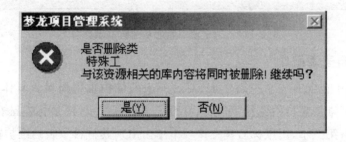

图2-64 删除资源出现的提示

(4)修改。

首先选定要修改的资源项,单击"修改",会弹出有关此资源的分类编码提示框,修改后点击确定即可。或者在要修改的资源项上连击两下(非双击),在资源项上出现的编辑框中可以修改项名,但不能改编码。

2. 对基本定额内容的维护

当基础定额库分类目录确定后,就可以进行基本内容的定义。对其操作有添加、修改和删除操作。

(1)添加操作:选定要添加的基础数据库类别,如图2-65所示,首先选中"市政工程",然后输入其下的道路工程/土方工程中的各种定额项:编号、名称、单位、单价、人、机、财费、人工日等,单击"添加",即可加入定额项。同样,可以将更多的类别加入。

(2)修改操作:首先选定要修改的工程量定额项,然后输入修改后的内容,单击"修改"即可。

(3)删除操作:与"修改"的操作过程基本相同。

(4)编码操作:工程量定额的编码由两部分构成,前半部分表明树的路径,后半部分表示该类中的序。

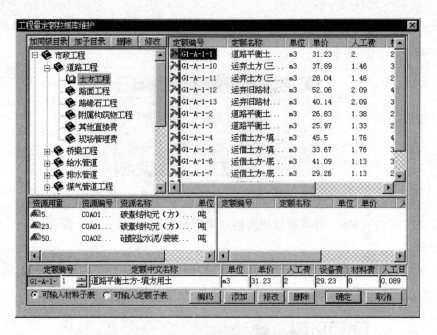

图 2－65　选定要添加的基础数据库类别

3. 定额材料子表配比

工程量定额中包含有一个材料子表,对这一表的维护也很简单。具体方法如下:第一步,在工程量定额维护窗口中选择"可输入材料子表";第二步,用鼠标左键在工程量定额表中选择工程量项;第三步,用鼠标右键在该项上单击出现其材料子表的维护窗口。

注意:资源子表都要从已有的资源库中选择,否则,会出现如图 2－66 所示提示。

图 2－66　不是库中内容的提示

4. 定额的定额子表配比

有的工程量定额中可能由其他定额组成。具体方法如下:

第一步,在工程量定额维护窗口中选择"可输入定额子表";

第二步,用鼠标左键在工程量定额表中选择工程量项;

第三步,用鼠标右键在该项上单击出现其工程量子表的维护窗口。

如图 2－67 所示,需要对图中"土方工程-道路平衡土方-填方用土"项进行子定额配比。首先选中图左上部分"土方工程-道路平衡土方-填方用土项,点击右键,会出现如图 2－67 所示内容。从工程量定额库中选择需要的工程量,添加即可。

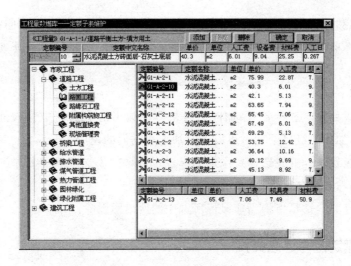

图 2-67　子定额配比操作窗口

注意:

(1)定额子表都要从已有的定额库中选择,否则会出现如图 2-66 所示提示。

(2)工程量定额数据库将被编辑网络计划时的工作的"工作信息卡"中的"工作概况卡"所使用。

(3)一个综合工程量定额不能成为另一个工程量定额的子项。

(4)一个工程量定额不能是自己的子项。

2.6.3　网络图库维护

用户可以将平时所积累的具有一般意义的网络图作为标准网络件存放到网络图数据库里,供以后重复使用或他人共享使用。各种标准工艺、样板网络或模板网络以一个组件库的形式存放,并以目录树形式管理。

选择菜单设置中的"网络图数据库维护",出现网络图数据库维护窗口。初始情况如图 2-72所示。

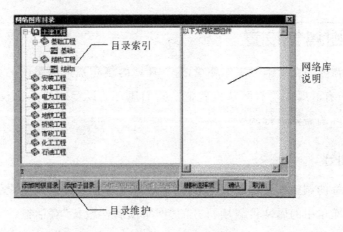

图 2-68　网络图数据库

对于网络图数据库图的维护包括：添加同级目录、添加子目录、添加同级网络、添加下级网络、删除选择项等五种。其中"添加同级网络"与"添加下级网络"只能在"工作引出"时才能使用。

具体操作如下：

(1)添加同级目录。选择要"添加同级目录"，在弹出的对话框中输入分类编码与分类名称即可。在添加每一级目录项时可以同时加上对它们的说明。

(2)添加下级目录。首先选择要添加的库，然后单击"添加下级子目录"，在弹出的菜单中输入分类编码与分类名称后，点击确定即可加入。

(3)删除选择项。这是指将当前鼠标所选中的网络图删除。

2.6.4　数据库定位与信息交换

此设置可定义各种数据库的存放位置，单击此项会弹出如图2-67所示对话框。

图2-67　"数据定位设置"对话框

图2-67中所示路径为系统安装时自己创建的默认路径，当需要更改时，可以单击选择此项功能进行更改，重新定位。注意：数据定位的路径也可以是网络路径。

2.7　网络图属性设置

编辑操作总需要一个基本的工作环境，这一环境的核心就是网络图的属性。在梦龙软件系统中，几乎所有的属性均有默认设置值。它们通常的设置一般是比较合理或常用的，用户可以根据实际的需要进行调整。

2.7.1　区域划分

对网络图属性的调整和设置方法有两种：集中调整设置和分散调整设置。集中调整设置是通过"设置"菜单中的属性设置项打开的"网络图属性设置"对话框设置的。分散调整设置则是通过在网络图的各个区域点击鼠标右键在出现的对话框设置实现的。集中设置和分散设置各有各的好处。

网络图的区域是按图2-68所示划分的。

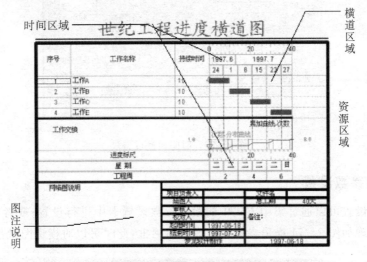

图2-68 网络图的区域划分

2.7.2 一般属性设置与网图选项

一般属性设置是最基本的属性,只能通过集中方式进行设置。网图选项设置则确定了整个网络图的绘图风格和模式。

在网络图绘图区域处点击鼠标右键出现如图2-69所示对话框,此时可以对图中参数进行设置。对话框中的默认设置方式很简单,请注意改变选择和设置后网络图的变化。

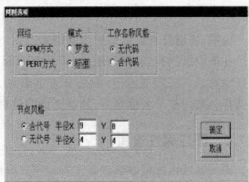

图2-69 一般属性设置马网图选项

2.7.3 时间属性设置

时间属性设置可以通过集中方式中的时间设置卡进行设置,或者在时间区域点击鼠标右键出现如图2-70所示时间属性设置对话框,可以对图中所列项进行设置。若用户要以工程历时间刻度标注时间刻度,可以在此设置按工程历显示时间刻度。

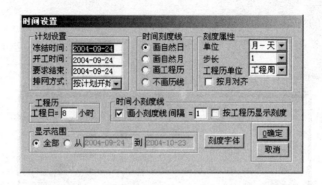

图 2-70 时间属性设置

2.7.4 横道参数设置

横道参数设置可以通过集中方式中的横道参数设置卡中进行设置;或者在横道区域点击鼠标右键出现如图 2-71 横道参数属性设置对话框,此时可以对横道图参数进行设置。

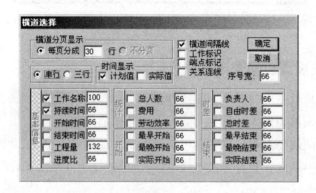

图 2-71 横道参数设置

说明:横道分页显示是指当前编辑的图中最多显示的横道条数,最大值是 120 条。用户可以在图中以三行或单行(缺省)方式显示横道条。单行方式可以从下面所列的各个内容中任意挑选。三行显示时,只能从基本信息、统计信息、时差信息、开始时间和结束时间分类选择。当调整了名称宽度,其他所选的信息显示宽度也会随之变化。

2.7.5 图注属性设置

图注属性设置可以通过集中方式中的图注属性设置卡调整;或者在图注区域点击鼠标右键出现如图 2-72 所示图注参数属性设置对话框,可以对图中所列项进行设置。开始时间、结束时间与总工期是系统自动提取的,不可改变,但其名称可以更改或去掉。左边距、右边距设置时,是调整说明的内容距离左右边框的距离。说明选项中的宽、高可以进行设置,但宽、高的值变小时有可能使说明栏中的字体显示不下而需要将其字体变小。说明字体、题栏字体其颜色、型号等都可以进行设置。

在图中 2-72 所示位置,图中的网络图制作时间是提取系统当天的时间,若自己输入,当以用户输入的内容为准。

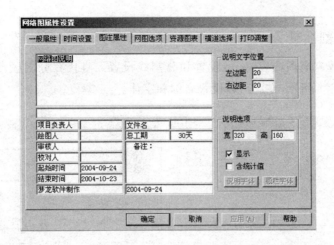

图 2-72　图注属性设置

2.7.6　资源设置

资源参数设置可以通过集中方式中的资源设置卡调整,或者在资源区域点击鼠标右键出现如图 2-73 所示资源参数属性设置对话框,可以对图中所列项进行设置。

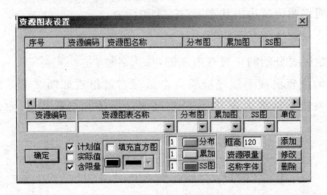

图 2-73　资源参数设置

2.7.7　名称设置

在标题区域点击鼠标右键,出现如图 2-74 所示对话框,在此可同时修改网络图和横道图名称,通过对话框可修改名称、字体及颜色、标题名是否带边框等参数。

图 2-74　名称设置

2.7.8 区域分割设置

分割区域设置有两项内容:区域设置和分割线设置。直接在分割区点按鼠标右键,出现对话框如图 2-75 所示,在此可以设置名称和字体。

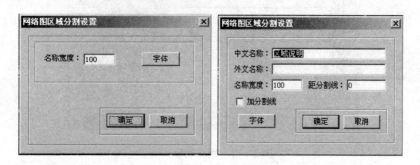

图 2-75 区域分割设置

1. 添加分割线

分割线设置的方法和步骤如下:

第一步,设置网络图为带边框状态,点按 ▦ 图标。

第二步,选择网络图编辑条为"添加"状态。

第三步,在分割区要分割的位置双击左键,加入名称。

第四步,当字的位置出现手型光标后点击鼠标右键出现如图 2-75 所示对话框,选择分割线即可;也可修改对话框内容,设置分割区域的字体和名称宽度,点击确定后,结果如 2-76 所示。

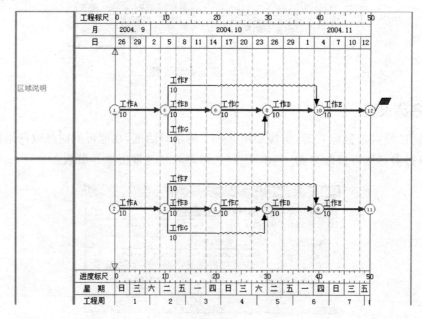

图 2-76 添加分割线后的结果

有些情况下需要将分割线位置与某层对齐,这时需要将分割线的位置进行调整,其具体操作方法为:将鼠标放在分割线的附近,鼠标形状变为手状时,按住鼠标左键即可拖动到合适的位置。调整的位置如图 2-76 所示,然后在图 2-76 光标处双击,再点击右键出现对话框修改名称,此时不选分割线,加入第二个名称,点击确定后如图 2-77 所示。

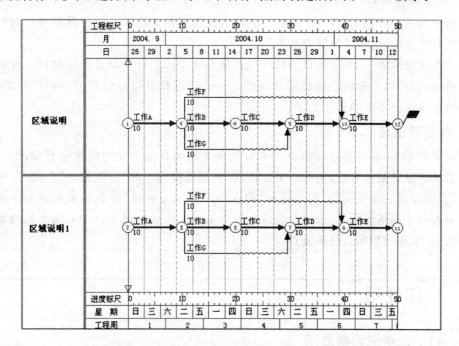

图 2-77　调整后结果

同样的方法可加多条分割线,且光标捕捉到分割线时按鼠标左键可上下移动分割线到指定位置上,读者可试一下。

2. 删除分割线

选择编辑条中的"删除"状态,将光标移至左侧分割名称区域。光标捕捉到分割线后,双击鼠标左键出现如图 2-78 所示提示框,点击确定即可将其删除。

图 2-78　删除分割线提示

3. 修改分割线内容

参见添加分割线操作。即在分割线上双击鼠标左键,在对话框中改动即可。

分割线用途也很多,像在分项工程中、分类作业中、大型工程中都能很好发挥其作用。具体操作可通过鼠标右键对屏幕区域内的几乎所有对象进行设置,也就是说用户想设置哪个内容,就在哪个对象上单击鼠标右键即可。

2.7.9 日历设置

日历设置包括工程日制设置、工程历选择设置、休息日设定、休息日有效性设置等。

1. 工程日制设置

在网络图属性设置卡中,一个工程日的默认设置值是 8 小时。这种设置是针对整个网络图的所有工作的,也可以设定为其他值。

在工作信息卡中,一个工程日的默认设置值是 8 小时。这种设置是针对该工作的。若该工作特殊,它可以不遵循系统的默认设置。一个工程日可以是任意可选的时间单位,但其只影响自身时间不影响其他工作。

2. 休息日设定

在设置菜单中,可以通过日历设置来设置整个网络计划工期内的休息日情况。但是,这些设置的休息日是否有效,是有一定条件的:在属性设置卡的"一般属性"中的"所有休息日无效"开关设置的真假;在工作信息卡"概况"中"休息日有效"开关设置的真假。第一个条件是针对整个网络图的,而第二个条件是针对指定工作的。当工作中的这些值与整体的值不一致时,工作则使用自己的设置。

2.8 打印处理

2.8.1 打印网络图和横道图

1. 打印设置

打印设置主要是选择打印机、纸张大小、纸张来源、打印方向等。设置的结果将影响打印效果。在实际打印输出前,用户应先预览一番,感到满意后再输出。对彩色打印机,还要调好各线型的颜色及字体颜色等。

为了打出满意的网络图或横道图,梦龙系统在属性设置中专门设置了打印色,为图形输出设定了一个比较合理的颜色搭配。若不满意,则可进行调整。

不同的打印机,其设置不同,打印的网络图的大小、质量与打印机参数的设置(尤其是分辨率与图形方式等)密切相关,分辨率越高,输出的图形越小;反之,图形则越大。当不满意输出时,可以多调试几次。在进纸方式方面,打印纸类型的设置与进纸方式相关。

2. 打印预览

通过该命令可使要打印的活动文档模拟打印显示。在模拟显示窗口,用户可以选择单页或双页方式显示(双页显示可以看到页与页间的重叠度)。打印预览工具条提供了一些预览的选项。

3. 打印调整

本系统采用所见即所得的打印方式。因此,打印的网络图或横道图就是当前屏幕的显示内容。为了使用方便,打印比例可以在打印前进行调整。

在系统中自带有专门的打印调整对话框,可进行以下操作:

（1）通过网络图属性设置菜单的打印调整卡中进行调整，在此图形的横纵比例均可调；

（2）通过工具条中的调整按钮打开对话框，在此图形的横纵向等比可调。

由于不同打印机在某些方面会有所不同（分辨率、纸张大小、色度、填充等都可能有所差异），因此可以先通过打印预览操作，查看打印效果是否满意，若有问题可以通过打印调整卡进行适当的调整，以便使用户打出满意的结果。

当用打印调整对话框不一定能满足需要时，需要用网络图撑长或压缩命令配合。这些调整均可以在预览状态下实现。

通过对话框中的打印比例的调整可以设置网络图及横道图的实际输出大小，为了能有更好的效果，系统提供了横向、纵向比例，它们可分别调整，可调范围在 10～1000 之间。另外用户可以调整边界，使得打印出的图形在合适的位置上，可调整上下和左右的位置，可调范围在 10～1000 之间。见图 2－79。

图 2－79　打印调整

4. 特别说明

（1）针式打印机的设置要注意连续打印等问题。下面以 LQ－1600K 为例：首先确定已经在操作系统中装好了打印驱动，然后选择该型号打印机，选择纸张来源 Tractor（导轨走纸），再选择属性并选择自定义纸张。如图 2－80 所示。

图 2－80　纸张选择

注意：连续打印应将长度设成 2794mm 宽设成 4191mm，长度不能太长，也不能太短，否则不能连续打印。LQ－1600k 长度最长不超过 23119mm 等。LQ－1500、CR3240 等打印机的操作同上。

（2）用激光打印机时，注意选择图形方式。打印设置属性中，若有"图形方式"选项打印图形方式时，注意选择使用光栅图形方式。因为有些打印机对矢量图形打印支持不好。见图 2－81。

图 2－81　"图形方式"设置

（3）喷墨打印机的使用类似于针打，下面是 Epson－MJ－1500K 彩色喷墨打印机，用自定义纸打印网络图，自定义纸的最大尺寸为：431mm×1117mm。

注意：打印驱动程序使用 for Win95，MJ－1500K 一般随机带的驱动为 for Win3，在安装前请读者注意更换。

（4）喷墨绘图仪的使用，下面以 HP－750C 为例说明。如图 2－82 所示选择打印机为 HP－750C，可选择纸张大小，从 A4 到 A0；可以打印大幅面彩色网络图。如图 2－83 所示，也可以在属性设置中自定义纸张大小。在对话框中可设置过大尺寸并选择更多尺寸。如可定义其大小为 3000mm×910mm，见图 2－84 所示对话框。

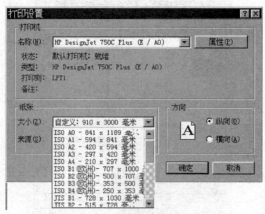

图 2－82　选择纸张

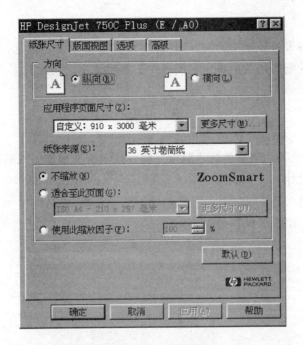

图 2-83　自定义纸张(1)

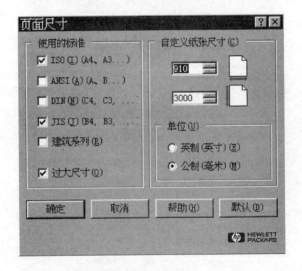

图 2-84　自定义纸张(2)

注意:关于打印机及绘图仪的使用参考随机手册。

2.8.2　打印报表

在打印报表时,打印机的设置方法同上,本系统的报表的大小以 A4 尺寸为基准设计,可以选定其他纸张大小。

(1)打印日历。

点按菜单中的报表打印项中的"打印日历",系统提示是否先预览,并选择输出方式,预览或打印与该网络计划图相关的日历,其中包含项目中定义的休息日。

（2）打印日志。

点按菜单中的报表打印项中的"打印日志"，系统提示是否先预览，并选择输出方式，预览或打印与该网络计划图相关的指定时间段中的各种情况记录和日志。

实训题

参见附录案例，绘制某建筑类职业院校三期西教学楼工程施工网络进度计划。

（1）训练类型：设计；

（2）训练成果：网络进度计划；

（3）训练步骤：专用机房操作为主。

梦龙施工平面图布置系统

第3章

施工现场平面图布置系统 MrSite,是用于项目招投标和施工组织设计绘图的专业软件,可帮助工程技术人员快速、准确、美观地绘制施工现场平面布置图,同时也可作为一般的图形编辑器来使用。

本章以 MrSite 系统为基础,主要介绍该软件的施工平面布置图绘制的相关知识。

3.1 工具条操作

3.1.1 系统界面

该软件的系统界面中包括主窗口、主菜单、工具条、窗口滚动条等,具体的分区设置如图 3-1 所示。

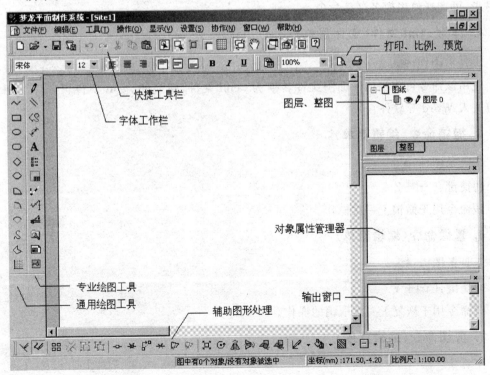

图 3-1 系统界面

3.1.2 工具条功能介绍

1. 新建命令（文件菜单）

工具条图标：▯

快捷键：Ctrl＋N

该命令用于创建一个新的施工平面图文件。由于系统允许创建多个项目文档，所以用户在创建新项目文档前，既可以关闭原先打开的项目文档（如果有文档存在），也可以保留打开窗口。

2. 打开命令（文件菜单）

工具条图标：📂

快捷键：Ctrl＋O

该命令用于打开系统中已有的施工平面图，用户可以一次打开多个文档。

3. 保存命令（文件菜单）

工具条图标：💾

快捷键：Ctrl＋S

该命令用于在当前目录下通过当前的文档名字存储一个打开的项目文档。若是第一次存储，系统将提示当前存储文档的名称和路径。如果用户想改变已存储文档的名字和所在目录，可选择使用换名存盘命令。

4. 存为.emf文件（文件菜单）

工具条图标：▦

使用该命令可将当前平面图文件转换为.emf文件，转换的.emf文件可以作为图元，也可嵌入Word等软件。

5. 撤销命令（编辑菜单）

工具条图标：↩

快捷键：Ctrl＋Z

该命令用于撤销上一次操作。

6. 重做命令（编辑菜单）

工具条图标：↪

快捷键：Ctrl＋Y

该命令用于恢复上一次取消的操作。

7. 剪切命令（编辑菜单）

工具条：✂

快捷键：Ctrl＋X

在图形编辑过程中,该命令用于将用户所选取的内容从当前编辑区删除,放入系统提供的粘贴缓冲区。

选取时的操作为:在没选中任何图形的情况下,在编辑区内单击鼠标左键,并保持按下状态拖动鼠标,此时会有一个虚线方框随鼠标移动。当松开左键后,位于虚框内的图形将被选取。

如果用户想将粘贴缓冲区的内容放入光标所在的位置,则可调用编辑菜单下的粘贴命令。

注意:它与编辑菜单中的删除命令的不同。

8. 拷贝命令(编辑菜单)

工具条图标:

快捷键:Ctrl＋C

在图形编辑过程中,该命令用于将用户所选取的内容复制并放入到系统提供的粘贴缓冲区。

快捷方式的操作:首先使光标处于移动状态,然后按住 Ctrl 键,将选中的图形拖动到其他位置即可完成一个对象的复制。

注意:它与编辑菜单中剪切命令的不同。

9. 粘贴命令(编辑菜单)

工具条图标:

快捷键:Ctrl＋V

该命令用于将以前用剪切或复制命令放入粘贴缓冲区的内容,复制到当前编辑区中光标所在的位置。

注意:如果没有内容在粘接缓冲区中,则此命令将处于灰色状态,不能使用。

10. 捕获网络格线

工具条图标:

11. 捕获对象控制点

工具条图标:

12. 捕获辅助网络线

工具条图标:

13. 绘图标尺命令(显示菜单/界面工具)

工具条图标:

选中该命令后,在编辑区内会出现标尺,否则默认状态为不显示标尺。标尺将随着显示比例的改变而改变其间隔大小。标尺的单位为毫米(mm)。

14. 网格线命令(显示菜单/辅助工具)

工具条图标:

选中该命令后,在编辑区内会出现有一定间隔的网格线,否则其默认状态为不显示网格线。网格中网线的间隔参见显示菜单中的网格大小命令。

15. 视图居中显示命令（显示菜单/辅助工具）

工具条图标：

选中该命令,图纸将在编辑区内居中显示,此时标尺尺寸的 0 起点也随着改变其位置。否则图纸的左上角将紧靠标尺的左上角,而且标尺标注的 0 起点将在最左端和最上端开始。

16. 实时平移

工具条图标：

17. 关于（帮助菜单）

工具条图标：

使用此命令将显示本系统的版权及版本号等信息,如图 3-2 所示。

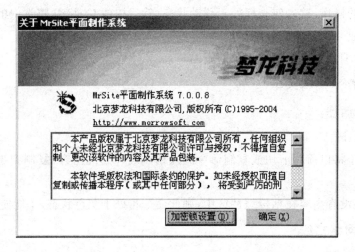

图 3-2　本系统的版权及版本号等信息

18. 帮助主题（帮助菜单）

工具条图标：

快捷键:Shift+F1

使用帮助命令可以获取有关本系统的有关使用信息。选择了工具条中的内容帮助按钮后,鼠标的指示光标将发生变化,此时选取相关选项,有关所选部分的帮助信息将会显示。

3.2　图纸设置条

1. 图纸设置（设置菜单）

工具条图标：

选取该命令,将弹出"图纸设置"对话框,该提示框包括图纸设置、边界设置和其他三部分。

图纸设置包括图纸的大小、横纵向和比例尺,如图 3-3 所示。在选取纸张大小"自定义"时,将显示另一对话框(见图 3-4),用户可以依据实际情况设置图纸的高、宽值,单位毫米(mm)。

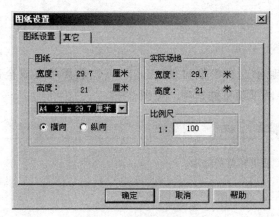

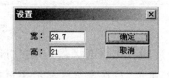

图 3-3 图纸设置　　　　　　　　　图 3-4 纸张大小自定义对话框

"其它"对话框(如图 3-5 所示)用于修改网格间距及网格颜色、光标定位间隔、对象填充色及前景色、填充色、图纸背景色,允许定时存盘。

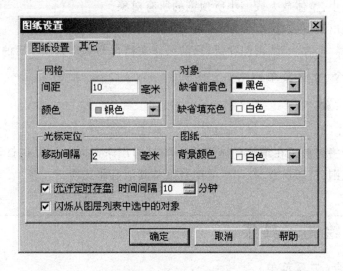

图 3-5 "其它"对话框

2. 显示比例(显示菜单/比例显示)

鼠标左键点击该工具条会弹出下拉菜单,从中可以选取相应的显示比例,如图 3-6 所示。

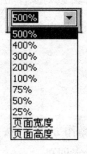

图 3-6 显示比例

3. 打印预览(文件菜单)

工具条图标:🔍

使用该命令,可将要打印的文档模拟显示。在模拟显示窗口中,可以选择单页或全部方式显示。打印预览工具条还提供了一些便于预览的选项。见图3-7。

| 🖶 打印... | 🔲 单页 | ⊞ 全部 | ▶ 下一页 | ◀ 上一页 | 🔲 设置... | 到页面 ▼ | 关闭 |

图 3-7 便于预览的选项

(1)打印:在预览状态下直接打印。

(2)单页:只在预览区显示一页打印纸。

(3)全部:显示预览区内的全部图。

(4)下页、上页:当一页显示不下时,可进行前后翻页。

(5)调整:进行打印参数的调整,详见打印设置命令。

(6)放大、缩小:整体放大或缩小所预览的所有对象。

(7)关闭:退出预览状态。

提示:当选择"保存为"选项保存后,当前操作文档自动更换为保存后的副本文件。

4. 打印命令(文件菜单)

工具条图标:🖨

快捷键:Ctrl+P

该命令用于将当前正在编辑的施工平面图打印出来。同时可以在打印文档对话框中确定打印页的范围、打印份数、打印机的型号以及其他打印选项。

3.3 通用绘图工具条

1. 选择命令(工具菜单)

工具条图标:▶

该命令用于选取操作对象。具体操作方法为:选取该命令后,将鼠标移近要选择的对象,当鼠标变成 时按一下左键,会看到该对象上出现了白色的小方块,这表示它已被选中,同时鼠标保持 状,此时双击左键会弹出与该对象相对应的属性提示框。

注意:系统启动后默认此选项设置。

2. 绘制折线命令

工具条图标:〜

该命令主要用于绘制折线。具体操作方法为:按下该命令按钮,单击鼠标左键,移动鼠标绘制一条线,绘制完成后双击左键确定即可。

折线对象如图3-8所示,折线由关键点、控制点和连线构成。对折线点编辑除一般对象的编辑以外,还有移动关键点、添加关键点、删除关键点、连接、分割、拆成折线等操作。

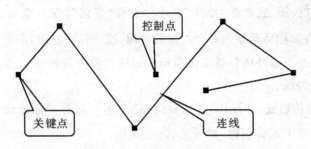

图 3-8　折线对象

(1)移动关键点:主要包括移动对象、移动关键点、移动控制点等操作。对选中的对象,可以移动改变其位置,可以通过移动对象关键点改变对象的形状。

①移动对象:选中对象,按下![]按钮,将鼠标移动到对象上,按下鼠标左键并保持住,移动鼠标对象随之移动。

②移动对象的关键点:选中对象,确保![]按钮处于弹起状态,将鼠标移到对象的关键点上(黑色方块),按下鼠标左键并保持住,拖动鼠标。

③移动对象控制点:在对象属性管理器中将"控制点取中心"项设置为"否",如图 3-9所示,在控制点上按下鼠标左键并保持住,移动鼠标。

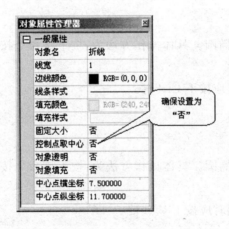

图 3-9　将"控制点取中心"设置为"否"

以下工具属性若用户想做任何修改对象的属性,则在"对象属性管理器"内进行修改,下面不再作提示。

(2)对象属性。

①添加关键点:按下![]按钮或在"操作"菜单中选择"加点";将鼠标移到待添加点的位置,鼠标呈现![]形状点击鼠标左键,即可在点击处添加一个关键点。

注意:只有折线、多边形、曲线、字线、铁路线、标称线对象可以执行添此操作。

②删除关键点:按下![]按钮或在"操作"菜单中选择"删点";将鼠标移到待添加点的位置,鼠标呈现![]形状点击鼠标左键,即可在点击处删除一个关键点。

注意:只有折线、多边形、曲线、字线、铁路线、标称线对象可以执行添此操作。

③连接:按下 ⬚ 按钮,或者在"操作"菜单中选择"连接";在对象的连接端点击鼠标左键,鼠标呈现 ⬚;将鼠标移动到另一个对象的一端,按下鼠标左键,即可完成。

注意:在除对象端点以外的位置双击鼠标左键即可取消此操作。能够连接的对象有折线、曲线、组合线、铁路线。

④分割:按下 ✳ 按钮或在"操作"菜单种选择"分隔",此时鼠标形状呈现 ⬚;将鼠标移到待分割的线段处,按下鼠标左键,即可完成。

注意:可以分割的对象有折线、曲线、组合线、字线、标称线。

⑤拆成折线:对于多边形和封闭的折线可以执行此操作。按下 ⬚ 按钮或在"操作"菜单种选择"拆分"即可。

3. 正方形工具

工具条图标: ▢

该命令主要用于绘制正方形。具体操作方法为:按下该命令按钮,在视图中按下鼠标左键并保持住,拖动鼠标即可完成。

注意:绘制正方形时在绘制的同时要按下 Ctrl 键。

4. 椭圆工具

工具条图标: ⬭

该命令主要用于绘制椭圆。具体操作方法为:按下该命令按钮,在视图中按下鼠标左键并表保持住,拖动鼠标。

注意:绘制圆形的同时应按下 Ctrl 键。

5. 圆角矩形工具

工具条图标: ▭

该命令主要用于绘制椭圆。具体操作方法为:按下该命令按钮,在视图中按下鼠标左键并保持住,拖动鼠标。

注意:绘制正方形的同时应按下 Ctrl 键。

6. 菱形工具

工具条图标: ◇

该命令主要用于绘制菱形。具体操作方法为:按下该命令按钮,在视图中按下鼠标左键并保持住,拖动鼠标。

7. 正多边形工具

工具条图标: ◇

该命令主要用于绘制正对变形。具体操作方法为:按下该命令按钮,弹出如图 3-10 所示的对话框。在对话框中设置边数,点击"确定"。在视图中按下鼠标左键并保持住,拖动鼠标。

图 3 - 10　绘制正多边形对话框

8. 饼形工具

工具条图标：

该命令主要用于绘制饼形。具体操作方法为：按下该命令按钮，在视图中按下鼠标左键并保持住，拖动鼠标。

9. 扇形工具

工具条图标：

该命令主要用于绘制扇形。具体操作方法为：按下该命令按钮，在视图中按下鼠标左键并保持住，拖动鼠标。

10. 圆弧工具

工具条图标：

该命令主要用于绘制圆弧。具体操作方法为：按下该命令按钮，在视图中按下鼠标左键并保持住，拖动鼠标。

11. 曲线工具

工具条图标：

该命令主要用于绘制曲线。具体操作方法为：按下该命令按钮，或在"工具"菜单中选择"通用绘图工具"，在选"曲线"；移动并点击一次鼠标左键绘制一端曲线，如图 3 - 11 所示。

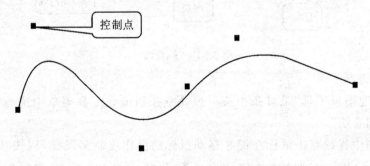

图 3 - 11　绘制曲线

12. 多边形工具

工具条图标：

该命令主要用于绘制多边形。具体操作方法为：按下该命令按钮，或在"工具"菜单中选择"通用绘图工具"，再选择"多边形"；在视图中点击一次鼠标左键，选定一个顶点；双击鼠标左键"确定"，结束多边形的绘制。

13. 轴线工具

工具条图标：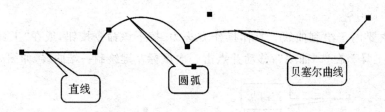

该命令主要用于绘制轴线。具体操作方法为：在"通用绘图工具"工具条中按下该命令或在"工具"菜单中选择"通用绘图工具"，在选"轴线"。在视图中按下鼠标左键并保持住，拖动鼠标到合适位置，放开鼠标完成"轴线"的绘制。

3.4 专业对象条

1. 手绘线工具

工具条图标：

该命令主要用于手绘线。具体操作方法为：在"专业图形工具"工具条中按该命令按钮或在工具菜单中选择"手绘线工具"，再选择"　"。

2. 创建平行线对象工具

该命令的具体操作为：在"专业图形工具"工具条中按下命令按钮或在工具菜单中选择"专业图形工具"，再选择"平行线"即可。

3. 组合线工具

工具条图标：

组合线是直线、圆弧和贝塞尔曲线三种线形的组合。见图 3-12。

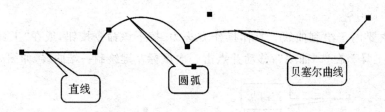

直线　圆弧　贝塞尔曲线

图 3-12　组合线

具体操作为：

(1)在"专业图形工具"工具条中按下该命令按钮或在工具菜单中选择"专业图形工具"，再选择"组合线"。

(2)在视图中连续点击鼠标左键并移动鼠标的操作绘制多段线段（按 Tab 键改变线形），当鼠标为　状时，绘制的是直线；鼠标为　状时，绘制的是圆弧；鼠标为　状时，绘制的是曲线。

(3)用户若想修改此组合线，则可在选中该对象后，将鼠标移到需要修改部分的控制点上，按住左键移动即可，满意后松开左键。

4. 标称线工具(工具菜单/专业图形工具)

工具条图标:

绘制方法如下:先在绘制起点处点击鼠标左键,然后连续在需要标注的位置按键点击,即可生成一条标称线。

箭头位置可在四个选项中选择其一,具体包括:左/上箭头、右/下箭头、两端都有和两端都无,分别代表了箭头的不同方向和位置。

尺寸标注可在四个选项中选择其一,具体包括:上标注、下标注、中间标注和无标注,分别代表了尺寸标注的不同位置。

箭头角度包括以下四种设置命令:

(1)箭头角度:设置箭头两翼与直线见的夹角;

(2)箭头长度:设置标称线箭头部分的长度;

(3)封闭:选择此项为封闭箭头;

(4)填充:选择此项对封闭箭头填充颜色,与标称线的线色相同。

5. 斜文本工具

选取该工具后,可利用鼠标在编辑区插入文本。具体操作方法为:首先将鼠标移到所插入文本的起点处,然后按住左键拖动到终点,这时释放左键即可生成一个矩形文本区域,区域内有"文本"两个字。用户若想修改此文本区域的大小,则选择该对象后,将鼠标移到该矩形文本的控制点上,按住左键移动即可修改,满意后松开左键。若用户想键入文本内容或修改文本内容可参照图 3-13、图 3-14 所示各项设置进行修改。

图 3-13　文本内容设置命令(1)

图 3-14　文本内容设置命令(2)

6. 对象属性管理器（工具菜单/通用图形工具）

工具条图标：

选取该工具后可利用鼠标在编辑区插入一个图例表。具体操作方法为：首先将鼠标移到所插入图例的起点处，然后按住左键拖动到终点，这时释放左键即可生成一个矩形图例区域，同时弹出图例属性对话框（见图 3−15），在框中可以通过选择图元类来确定要显示的图例，并可对图例的大小、间距和标注文字进行设置。

用户若想修改此图例区域大小，则选择该对象后，将鼠标移到该矩形边框的控制点上，按住左键移动即可修改，满意后释放左键。在用户第一次画框时，经常无法将所有选择的图例显示出来，这是因为所画区域不够大，只需通过调整控制点改变框的大小即可。

若在图例框中添加或修改图例，则双击鼠标左键，再次弹出图例属性对话框，从而修改相应的设置。

点击 >> 将可选图例选入本对象所含图例；点击 << 将本对象所含图例放回可选图例；也可在对象属性管理进行如下修改：

(1)字体、大小、颜色：设置图例标注文字的字体、大小和颜色；

(2)图例宽、图例高：设置图例框中图例的宽度和高度；

(3)列距、行距：设置两列（两行）图例间的距离；

(4)名间距：设置图例与图例名称之间的距离；

(5)名宽：设置图例名称的宽度。

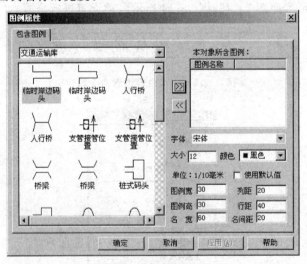

图 3−15　图例属性对话框

7. 题栏工具（工具菜单/专业图形工具）

工具条图标：

选取该工具后，可利用鼠标在编辑区插入一个题栏。具体操作方法为：首先将鼠标移到所插入图例的起点处，然后按住左键拖动到终点，这时释放左键即可生成一个矩形题栏区域，同时在平面图"对象属性管理器"（见图 3−16），在框中可以输入公司名称、工程名称等相关的工程信息。

用户若想修改此题栏区域的大小，在选择该对象后，将鼠标移到该矩形边框的控制点上，按住左键移动即可修改。

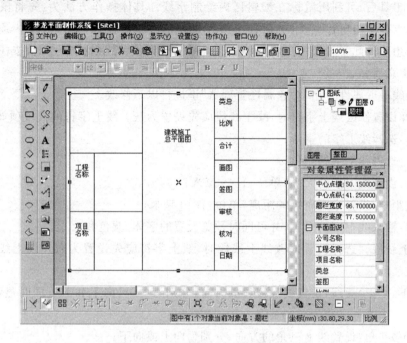

图 3-16　平面图"对象属性管理器"

若添加或修改题栏框中的内容，双击鼠标左键，在弹出的平面图说明对象属性对话框中进行相应的修改。

8. 铁路线工具（工具菜单/专业图形工具）

工具条图标：

选取该工具后，可利用鼠标在编辑区内绘制铁路线。具体操作方法为：先将鼠标移到要绘铁路线的起点处单击鼠标左键后松开，然后在铁路线经过处依次按键，即可产生一条连续的铁路线。用户若想修改铁路线，则选择铁路线对象后，将鼠标移到铁路线的控制点上，按住左键拖动即可修改，满意后释放左键。

修改铁路线一般属性可在"对象属性管理器"里进行修改。铁路线属性中有铁路宽度、铁路样式、是否拟建和黑白段长度等几项设置，通过以上设置的相互组合，可以实现各种铁路线的表示方式，下面图 3-17 中列举了其中的几种：

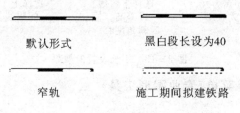

默认形式　　　　　　黑白段长设为40

窄轨　　　　　　施工期间拟建铁路

图 3-17　铁路线的表示方式

9. 字线工具(工具菜单/专业图形工具)

工具条图标:

选取该工具后,可利用鼠标在编辑区内绘制字线。具体操作方法为:先将鼠标移到所绘字线的起点处单击鼠标左键,然后在字线经过处依次单击鼠标,即可产生一条连续的字线。用户若想修改此字线,则应选择该对象,将鼠标移到该字线的控制点上,按住左键拖动即可修改,满意后释放左键。

修改字线一般属性可在"对象属性管理器"里进行以下修改。

(1)选择设置修改线上字符时,线上线段应先设置为灰。线上字符的设置项如下:

①字体:选择线上字的字体;

②颜色:选择线上字的颜色;

③大小:设置线上字的大小,单位:1/10 毫米;

④离线距离:设置字距离线的距离,单位:1/10 毫米;

⑤内容:输入线上字的内容,并可同时预览设置的字体、颜色和大小。

(2)线上线段。选择设置修改线上线段时,线上字符应先设置为灰。线上线段的设置项如下:

①上(下、上下)短线:设置线上线段的方向,分别为向上、向下和上下同时显示,默认为上短线;

②上(下)三角:设置线上三角的方向,分别为向上或向下;

③间隔线等高:选择此项线上线段高度相等,默认为一长一短;

④画成双线:选择此项基准线为双线;

⑤画成连续线:此方式适用于线上字符,选择此项基准线为连续线,默认形式为线段到字符处自动断开;

⑥线段高度:设置线上线段的高度;

⑦倾斜角度:设置线上线段和线上字符的倾斜角度;

⑧标注间隔:设置两个字符或线段之间的距离,默认值为100,单位1/10 毫米。

图 3-18 为几种设置的搭配效果。

图 3-18　字纹设置的效果

10. 塔吊工具(工具菜单/专业图形工具)

工具条图标:

选取该工具后,可利用鼠标在编辑区绘制塔吊。具体操作方法为:首先将鼠标移到编辑区,按住鼠标左键,然后移动鼠标到用户想绘制塔吊处,释放鼠标左键,即可生成一个塔吊。用户若想修改此塔吊,则选择该对象后,将鼠标移到该塔吊的控制点上,按住鼠标的左键拖动即可修改,满意后释放左键。修改塔吊一般属性的方法详见矩形工具中的操作,下面就塔吊特有的塔吊属性(见图3-19)进行说明。

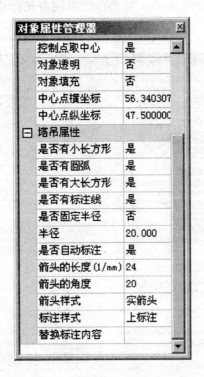

图3-19　塔吊属性

(1)塔吊属性。

①小长方形、圆弧、大长方形、标注线:选择这些选项就可以在屏幕中显示相应的塔吊对象。

②固定半径:选择该选项时,右边的半径对话框取消设置为灰,此时可以输入固定的塔吊半径,单位米(由于默认比例尺为1:100,所以在图纸上显示的长度是厘米),选择固定塔吊半径后,不能通过修改控制点的方式来改变其半径;不选择该选项时,塔吊半径选取系统自动测量值。

③自动标注:系统默认选择该选项,标注的内容为系统自动测量所得,因为比例尺默认为1:100,所以显示的单位为米;不选择该项时,替换标注内容窗口取消置灰,在其窗口中可以输入要标注的内容,如长度、塔吊型号等。

(2)箭头。

①长度、角度:设置塔吊标注线上箭头的长度和角度。

②实箭头、空箭头、双箭线:选择塔吊标注线上箭头的形式,只能选择其中一种。

(3)尺寸标注:选择标注在塔吊标注线上的位置上标注、下标注、中间标注还是无标注。

(4)字体:用来设置标注线上文字的字体,点击后出现设置对话框,从中可以修改文字的字体、字形、大小、颜色和效果等,并适时预览。

11. 库工具（工具菜单/通用图形工具）

工具条图标：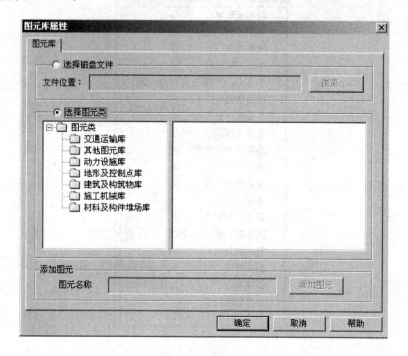

选取该工具后，从图库中提取图形。具体操作方法为：首先将鼠标移到所插入图形的起点处，然后按住左键拖动到终点，有一矩形虚线框随着光标移动，释放左键弹出图元库属性对话框（见图3－20）。

图3－20 "图元库属性"对话框

如果提取图元库中的图元，首先选择图元类型，然后在窗口中选择相应的图元，点击确定；如果提取其他位置的文件，选择磁盘文件选项（选择图元类设置为灰），点击浏览，找到所需文件点击确定即可。

更换已经绘制到编辑区的图元，只需在图元上进行双击，在弹出的图元库属性对话框中更改选项即可。

12. 外部对象工具（工具菜单/通用图形工具）

工具条图标：

选取该工具后，利用鼠标在编辑区插入外部对象。具体操作方法为：首先将鼠标移到所插入对象的起点处，然后按住左键拖动到终点，这时释放左键即可生成一个矩形区域，同时弹出插入对象对话框（见图3－21），从中可以选择对象类型和来源，并可进行相关设置。

（1）对象类型：选择要插入的对象类型，为系统默认；

（2）显示为图标：将插入的对象只显示为图标；

（3）从文件创建：将对象的内容以文件的形式插入文档；

（4）结果：对所选对象类型进行说明。

图 3 - 21　插入对象对话框

13. 图像工具(工具菜单/通用图形工具)

工具条图标：

选取该工具后,可利用鼠标在编辑区插入图形。具体操作方法为:首先将鼠标移到所插入图形的起点处,然后按住左键拖动到终点,这时释放左键即可生成一个矩形区域来放置图形,同时弹出图像属性对话框(见图 3 - 22),在图像文件对话框中输入图像路径,或者通过浏览直接选择。

用户若想修改此图形区域大小,在选中该对象后,将鼠标移到该矩形边框的控制点上,按住左键移动即可修改,满意后释放鼠标的左键。

若用户想修改图像内容,则双击鼠标左键,在弹出的对话框中将图像文件路径进行修改便可。

(1)可变宽高:选择此项,在编辑图像时可以任意改变宽高比例;

(2)宽高等比:选择此项,编辑的图像只能按宽高等比进行缩放;

(3)原图大小:选择此项,嵌入的图像将按原图大小显示。

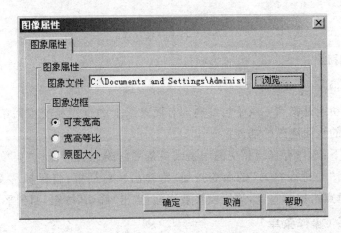

图 3 - 22　"图像属性"对话框

3.5 通用对象条

1. 指定角度线（设置菜单）

工具条图标：

快捷键：X

选择该命令可以使鼠标控制的控制点在规定的角度内移动，如水平、竖直、30°、45°、60°等。

2. 自由画线（设置菜单）

工具条图标：

快捷键：F

该命令可使鼠标控制的控制点在编辑区内自由移动（系统默认此选项）。

3. 阵列（设置菜单）

工具条图标：

阵列方式共有三种：矩形阵列、圆形阵列、在对象上作阵列。如图3－23所示。

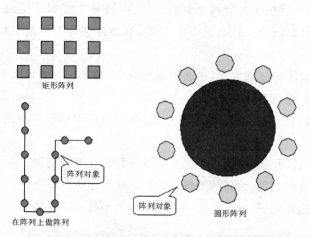

矩形阵列

阵列对象

阵列对象

圆形阵列

在阵列上做阵列

图3－23 阵列方式

4. 平行线打通

工具条图标：

平行线打通功能是指当一条平行线内部有两条以上的直线相交或两条平行线相交时，可以将相交部分的线段删除的功能。

操作方法如下：选择有直线相交的一条或多条平行线；点击"操作"菜单中的"平行线打通"项或直接点击"平行线打通"的命令按钮，将弹出一对话框；将鼠标移至要删除的线段处，当直线变红时点击鼠标左键，该线段将被删除；点击"确认"按钮，回到平面图。

5. 成组命令（操作菜单）

工具条图标：

该命令可将用户在编辑区内选取的两个或两个以上操作对象组成一组。

具体操作为:先用选择命令在编辑区内选取若干图形,既可按住鼠标左键拖拉出虚框进行框选,也可按住 Shift 键进行多选,选择完毕后点击此命令按钮即可。此后对该组内任何一个对象的操作(如移动、缩放等),都将影响整个组。

6. 解组命令(操作菜单)

工具条图标:

该命令可将一个已经成组对象分解为单个对象或组。

具体操作为:先选中一个对象组,然后点击此命令按钮即可分解为成组前的状态。

7. 加点命令(操作菜单)

工具条图标:

该命令用于在图形上添加一个捕捉点。

具体操作为:选中加点命令,将鼠标放到已选中图形需要加点的位置,当鼠标变成 状时,单击左键即可。

注意:在工具条该命令项上双击可以连续加点。

8. 删点命令(操作菜单)

工具条图标:

该命令用于在图形上删除一个捕捉点。

具体操作为:选中删点命令,将鼠标放到已选中图形需要删点的位置,当鼠标变成 状时,单击左键即可。

注意:在工具条该命令项上双击可以连续删点。

9. 连线命令(操作菜单)

工具条图标:

该命令可将两条相同属性的线连接为一体。

具体操作为:选中第一条需要连接的线后使用连线命令,当鼠标放到该线需连线点上时会变成 状,这时单击左键后会出现一条细线随鼠标移动,而此时鼠标也将变成 状;然后再将鼠标放到另一条需要连线的连接点处,当鼠标再变成 状时单击左键即可完成连接。

10. 分割命令(操作菜单)

工具条图标:

该命令可将一条线分割成相同属性的两条线。具体操作为:选中需要断开的线后使用分割命令,当鼠标放到需要断开的线段上时会变成 状,这时单击左键即可将线分成两段。

11. 封闭命令(操作菜单)

工具条图标:

该命令可将所绘折线封闭成一个多边形,封闭后的图形即可按多边形进行处理。

12. 拆分命令（操作菜单）

工具条图标：⬚

该命令可将所绘多边形按照图形控制点拆分成几段，拆分后的图形按折线进行处理。

13. 缩放命令（操作菜单）

工具条图标：⬚

该命令可将所选图形适时缩放。

具体操作为：选定一个图形后点击缩放命令，鼠标会变成⬚状，按住鼠标左键移动鼠标，⬚离控制点越远图形越大；相反，⬚离控制点越近图形越小。

14. 旋转命令（操作菜单）

工具条图标：⊙

该命令可将所选图形任意角度的旋转。

具体操作为：选定一个图形后点击旋转命令，鼠标会变成⊙状，按住左键移动鼠标，图形将围绕控制点任意角度转动，满意后松开左键。

15. 水平翻转命令（操作菜单）

工具条图标：⬚

该命令可将所选图形绕垂直中心轴翻转180°。

具体操作为：选中一操作对象后，点击此命令按钮即可。如图 3 - 24 所示。若再按一次，图形将会回到初始状态。

图 3 - 24　水平翻转命令效果

16. 垂直翻转命令（操作菜单）

工具条图标：⬚

该命令可将所选图形绕水平中心轴翻转180°。

具体操作为：选中一操作对象后，点击此命令按钮即可，如图 3 - 25 所示。若再按一次，图形将会回到初始状态。

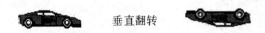

图 3 - 25　垂直翻转命令

17. 移到最前命令（操作菜单）

工具条图标：⬚

该命令可将操作对象移到相互重叠的所有其他对象之前显示。

具体操作为：当在编辑区的同一位置有多个对象相互重叠时，用户可选取要操作的对象,通过此命令将要操作的对象移动到其他对象的前面显示。若操作对象与其他对象位置不发生重叠,则可不必选择此命令。

18. 移到最后命令(操作菜单)

工具条图标:

该命令可将操作对象移到相互重叠的所有其他对象之后显示。

具体操作为:当在编辑区的同一位置有多个对象相互重叠时,用户可选取要操作的对象,通过此命令将要操作的对象移动到其他对象的后面显示。若用户操作对象和其他对象位置不发生重叠,则可不必选择此命令。

19. 对象边线颜色命令(设置菜单)

工具条图标:

该命令可设置对象边线的颜色。

具体操作为:当选取操作对象后,点击该按钮旁边的小三角,会出现一调色板对话框,这时通过鼠标点取对话框内提供的颜色色块来确定对象边线的颜色。另外,还可通过其他颜色来自定义调色板以外的颜色类型。

注意:系统默认对象边线颜色为黑色。

20. 对象填充色命令(设置菜单)

工具条图标:

该命令设置封闭图形的填充色。具体操作为:当选取操作对象后(必须封闭),点取旁边的小三角会出现一调色板对话框,这时鼠标通过点取对话框内的颜色来确定对象填充的颜色。另外,还可通过其他颜色来自定义调色板以外的颜色类型。

21. 填充图案命令

工具条图标:

该命令设置对象的填充图案。

具体操作为:当选取操作对象后,点取旁边的小三角出现如图3-26所示对话框,这时用户可通过鼠标选取对话框内提供的不同图案。

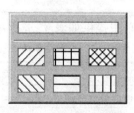

图3-26　填充图案

22. 线型命令

工具条图标:

该命令设置对象的边线线形。

具体操作为:当选取操作对象后,点取旁边的小三角会出现如图3-27所示对话框,这时用户可通过鼠标选取对话框内提供的相应线形。

注意:系统默认线形为直线。

图 3-27 线形

3.6 菜单说明

(1)文件菜单命令。在文件菜单中提供如表3-1所示命令。

表 3-1 文件菜单命令

名称	功能
新文件	创建一个新的施工平面图文档
打开	打开一个已存在的施工平面图文档
关闭	关闭一个已打开的施工平面图文档
保存	按原名存储施工平面图文档
保存为	换名存储施工平面图文档
存为其他格式文件	将平面图文件转化成 .emf 文件或 .bmp 文件
打印	打印施工平面图
打印预览	预览待打印的施工平面图
页面设置	选择打印机并进行连接设置
最近打开的文档	近期打开过的平面图文件
退出	退出该系统

(2)编辑菜单命令。在编辑菜单中提供如表3-2所示命令。

表 3-2 编辑菜单命令

名称	功能
撤销	取消用户所发出的最后一次命令,参见主窗工具条中对应命令内容
重做	重新执行用户上次取消的命令,参见主窗工具条中对应命令内容
复制	将用户所选取的对象复制到粘贴缓冲区,参见主窗工具条中对应命令内容
粘贴	将粘贴缓冲区的内容复制到当前编辑区光标所在处,参见主窗工具条中对应命令内容
剪切	将用户所选取的对象从当前编辑区删除,放入到粘贴缓冲区,参见主窗工具条中对应命令内容

名称	功能
删除	将用户所选取的对象从当前编辑区删除
全选	可一次将当前编辑区的所有对象都选中,参见主窗口工具条中对应命令内容
插入新对象	可插入一个新对象,该对象可选择新建(新建的对象可选择多种类型),也可由已存在的文件提供,参见专业对象条中对应命令内容
对象属性	可设置所选取对象的对象属性
连接	
对象	
特殊粘贴	
存为.emf 文件	将选择的对象存为.emf 文件
加入图元库	将选择的对象存入图元库

(3)工具菜单命令。在对象菜单中提供如表 3-3 所示命令。

表 3-3　工具菜单命令

名称	功能
选择工具	选取"选择"工具进行编辑,参见通用工具条中对应命令内容
通用图形工具	
折线	选取"折线"工具进行编辑,可创建折线对象,参见通用工具条中对应命令内容
矩形	选取"矩形"工具进行编辑,可创建矩形对象,参见通用工具条中对应命令内容
椭圆	选取"椭圆"工具进行编辑,可创建椭圆对象,参见通用工具条中对应命令内容
圆角矩形	选取"圆角矩形"工具进行编辑,可创建直线对象,参见通用工具条中对应命令内容
正多边形	选取"正多边形"工具进行编辑,可创建正多边形对象,参见通用工具条中对应命令内容
菱形	选取"菱形"工具进行编辑,可创建菱形对象,参见通用工具条对应命令内容
饼形	选取"饼形"工具进行编辑,可创建饼形对象,参见通用工具条对应命令内容
扇形	选取"扇形"工具进行编辑,可创建扇形对象,参见通用工具条中对应命令内容
圆弧	选取"圆弧"工具进行编辑,可创建圆弧对象,参见通用工具条中对应命令内容
曲线	选取"曲线"工具进行编辑,可创建曲线对象,参见通用工具条中对应命令内容
多边形	选取"多边形"工具进行编辑,可创建多边形对象,参见通用工具条中对应命令内容
轴线	选取"轴线"工具进行编辑,可创建轴线对象,参见通用工具条中对应命令内容
设置多边形边数	—
专业图形工具	—
手绘线	—
平行线	—
组合线	选取"复杂线"工具进行编辑,可创建复杂线对象,参见专业对象条中对应命令内容
标距线	—

名称	功能
文本	选取"文本"工具进行编辑,可创建文本对象,参见专业对象条中对应命令内容
斜文本	选取"斜文本"工具进行编辑,可创建斜文本对象,参见专业对象条中对应命令内容
图例	选取"图例"工具进行编辑,可创建图例对象,参见专业对象条中对应命令内容
题栏	选取"题栏"工具进行编辑,可创建题栏对象,参见专业对象条中对应命令内容
铁路线	选取"铁路线"工具进行编辑,可创建铁路线对象,参见专业对象条中对应命令内容
字线	选取"字线"工具进行编辑,可创建字线对象,参见专业对象条中对应命令内容
塔吊	选取"塔吊"工具进行编辑,可创建塔吊对象,参见专业对象条中对应命令内容
库	选取"库"工具进行编辑,可从图元库中选取图元对象,参见专业对象条中对应命令内容
OLE 对象	选取"OLE 对象"工具进行编辑,可创建嵌入外部对象,参见专业对象条中对应命令内容
图象	选取"图象"工具进行编辑,可创建图象对象,参见专业对象条中对应命令内容
文本虚线框	显示或隐藏文本虚线框,参见工具条中对应命令内容
辅助作图工具	—
显示网格线	—
捕获网格线	—
捕获辅助线	—
捕获对象控制点	—
视图显示居中	是否采用视图居中,参见工具条中对应命令内容

(4)操作菜单命令。在操作菜单中提供如表 3-4 所示命令。

表 3-4　操作菜单命令

名称	功能
加点	在图形上添加一个捕捉点,参见主窗口工具条中对应命令内容
删点	在图形上删除一个捕捉点,参见主窗口工具条中对应命令内容
连线	将两条同属性的线连接成一条,参见主窗口工具条中对应命令内容
分割	将一条线分割成同属性的两条,参见主窗口工具条中对应命令内容
封闭	将选中的折线封闭后作为一个多边形进行处理,参见主窗口工具条中对应命令内容
拆分	将选中的多边形拆分后作为一条折线进行处理,参见主窗口工具条中对应命令内容
缩放	将选中的图形适时缩放,参见主窗口工具条中对应命令内容
旋转	将选中的图形任意旋转,参见主窗口工具条中对应命令内容
水平翻转	图形水平翻转180°,参见主窗口工具条中对应命令内容
垂直翻转	图形垂直翻转180°,参见主窗口工具条中对应命令内容

名称	功能
移到最前	将所选对象移到具有重叠位置的最前端显示,参见主窗工具条中对应命令内容
移到最后	将所选对象移到具有重叠位置的最后端显示,参见主窗工具条中对应命令内容
向前移	将所选对象向具有重叠位置的其他对象前面移动
向后移	将所选对象向具有重叠位置的其他对象后面移动
阵列	—
平行线打通	—
成组	可将多个对象组成为一组进行处理,参见主窗工具条中对应命令内容
解组	可将成组的对象分解开,参见主窗工具条中对应命令内容
可移动/固定	选择物体所处状态,参见主窗口工具条中对应命令内容
用图案填充	—

(5)显示菜单命令。在显示菜单中提供如表 3-5 所示。

表 3-5 显示菜单命令

名称	功能
界面工具	—
工具条	显示或隐藏工具条
图纸设置条	显示或隐藏图纸设置条
状态条	显示或隐藏状态条
通用对象条	显示或隐藏通用对象条
专业对象条	显示或隐藏专业对象条
对象修改条	显示或隐藏对象修改条
绘图标尺	显示或隐藏绘图标尺
图层/整图窗口	显示或隐藏显示整图视窗
对象属性窗口	显示或隐藏对象层管理窗口
输出窗口	—
比例显示	通过下拉框选择屏幕的显示比例
刷新屏幕	当屏幕绘图区有垃圾出现时,用此命令刷新

(6)设置菜单命令。在设置菜单中提供如表 3-6 所示命令。

表 3-6 设置菜单命令

名称	功能
对象边线颜色	设置对象边线颜色,参见通用对象条中对应命令内容
对象填充色	设置对象填充色,参见通用对象条中对应命令内容
图纸背景色	设置图纸背景色
自由画线	恢复自由画线,参见通用对象条中对应命令内容
限画指定角度线	限定画线的角度,参见通用对象条中对应命令内容
图纸属性	设置图纸大小等相关参数
图元库管理	增加、删除和修改图元和图元库

(7)协作菜单命令。在协作菜单中提供如表3-7所示命令。

表3-7 协作菜单命令

名称	功能
建立服务器	建立服务
终止服务器	停止服务
连接服务器	客户端连接已经建好的服务
终止客户端	客户端终止连接

(8)窗口菜单命令。在窗口菜单提供如表3-8所示命令。

表3-8 窗口菜单命令

名称	功能
新窗口	复制一个和当前窗口一模一样的窗口
层叠	将打开的多个窗口按层叠的顺序排列
平铺	将打开的多个窗口在编辑区按相同大小展开
排列图标	将所有最小化的窗口图标按顺序排列

(9)帮助菜单命令。帮助菜单提供如表3-9所示命令将辅助用户使用该系统。

表3-8 窗口菜单命令

名称	功能
帮助主题	提供关于本系统的帮助标题索引,参见工具条中对应命令内容
关于 Site	显示本系统的版本和版权等信息,参见工具条中对应命令内容

3.7 协作

3.7.1 建立连接

(1)单击协作菜单中的"建立服务器"命令此时会弹出"服务器创建导向"。如图3-28所示。

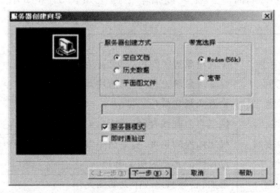

图3-28 创建服务器(1)

①服务器创建方式。

A. 空白文档:新建一个文档。

B. 历史数据:是用户原先在协同里保存过的∗.rec格式文件调用。

C. 平面图文件:是用户存过的∗.sit文件格式调用。

②带宽选择:是上网方式的选择,也是流量快慢的选择,具体有Modem(56K)和宽带两种。

③服务器模式。如果用户勾选服务器,该机即是客户端也是服务器;如果用户不勾选服务器,该机只作为服务器不可以协同工作。

④即时通:如果用户购买了梦龙公司的平台,就可以通过即时通加以认证。

⑤提示:

A. 如局域网内协同可以通过局域网相互合作。

B. 如远程协同,一人在局域网内,另一人在外网,此时服务器必须架接在公网上,也就是说必须架接在要有公网IP的机子上才可相互合作。

C. 即时通只可以在同一网段才能够互相合作,不可以中转。

(2)单击"下一步",此时会弹出如图3-29所示窗口。

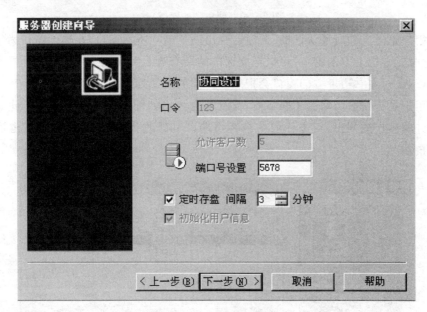

图3-29 创建服务器(2)

①名称:输入协同的工作名称。

②口令:防止其他不必要的人员观看或操作。

③允许客户数:需要多少人协同。

④端口号设置:如果在防火墙内必须打开此端口,端口可预设。

⑤定时存盘:防止意外发生造成不必要的数据丢失,系统提供定时存盘。

⑥初始化信息:调用用户数据库。当用户以前用过协同修改过客户名称,系统会保存此信息,如果用户勾上将调用原始用户数据库。

(3)单击"下一步",此时会弹出如图3-30所示窗口。

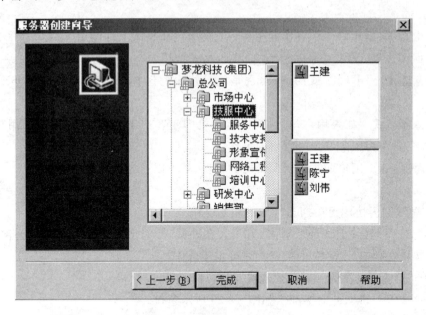

图3-30　创建服务器(3)

如果用户是通过即时通认证的,此时会弹出图3-30所示窗口,左边的窗口为结构树单机部门,此时在右边上方的窗口,可以把此部门的所有人员列出,当用户找到所要协同的人员双击即可,此时在右边下方的窗口会把所要协同的人员列出。

不论用户是否在前面勾选了服务器,此时都会弹出如图3-31所示窗口。此窗口会将用户所允许的客户端列出,点击任何一个客户端口可修改代号、用户名、密码;也可删除任何一个客户端。

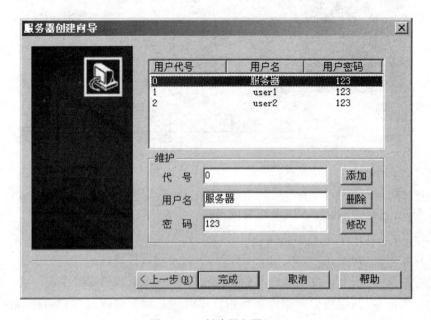

图3-31　创建服务器(4)

(4)当用户以上设置都选好,单击"完成",此时会弹出如图 3-32 所示窗口,此时用户就可以相互协作了。单击右下角此按钮 ，可以进行相互文字对话。

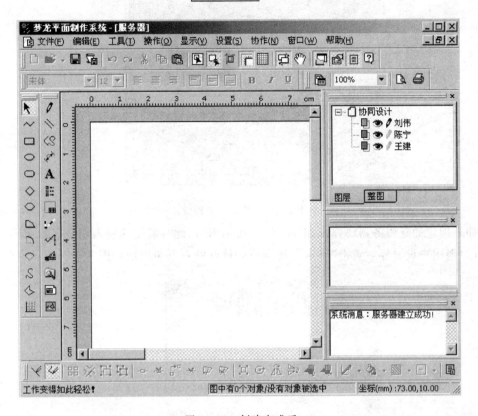

图 3-32　创建完成后

3.7.2　连接服务器

(1)单击协作菜单中的"连接服务器",将会弹出如图 3-33 所示窗口。如果服务器是通过即时通验证身份的话,将弹出图 3-34 所示窗口,此时将即时通勾选上即可。

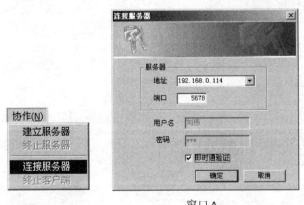

窗口 A

图 3-33　连接服务器(1)

图 3-34　连接服务器(2)

如果创建的是服务器将弹出如图 3-34 所示窗口,此时需正确输入用户名和密码。

(2)当用户设置好后点击"确定",将会看到软件的右下角出现如图 3-35 所示窗口。

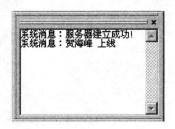

图 3-35　连接服务器后提示

实训题

参见附录案例,绘制某建筑类职业院校三期西教学楼工程施工平面布置图。

①训练类型:设计;

②训练成果:施工现场平面图;

③训练步骤:专用机房操作为主。

梦龙标书制作与管理系统

第4章

在激烈的市场竞争中,随着建筑市场的日益规范化,投标工作亦趋于公开、公平、公正化,工程的议标将成为历史,为此编制科学合理、规范美观的标书和施工组织设计成了企业进入市场的头等大事。北京梦龙软件公司开发了梦龙标书制作与管理系统 MrBook,随着企业参加竞标次数的增多,使用该系统将会使用户逐步建立起规范的企业内部标书素材与模板库,从而提高办公效率、节省时间争取竞标成功打下良好的基础。本章主要对梦龙标书制作与管理系统的使用作具体介绍。

4.1 系统概述

新版的梦龙标书制作与管理系统 MrBook 在旧版的"标书制作与管理系统"的基础上有了很大的提高,增加了许多功能,主要表现在以下几个方面:

4.1.1 系统运行的稳定性提高

旧版的标书制作与管理系统在 Office 环境下运行有时会出现异常,新版系统在这方面作了较大的改进,改为 Word 插件的形式运行,在 Office2003 环境下运行很稳定。

4.1.2 丰富了标书的内涵

梦龙标书制作与管理系统较上一版本又丰富了标书的内涵,删除了多余的经济标部分,并可以在附件节点下添加网络计划、平面图、动画演示、图片、报表、设计图纸等附件内容。

4.1.3 增强了文件导入导出功能

在新版的标书制作与管理系统中,文件的导入导出功能更加灵活,主要表现在:
(1)可以导入或导出旧版本的素材文件;
(2)可以导入完整的 Word 文档,并将其分解为标准的梦龙标书结构。

4.2 系统安装与启动

4.2.1 系统平台

1. 系统需求

(1)硬件平台。

①PC 及兼容机 CPU Pentium III 以上；

②64M 以上内存；

③硬盘自由空间 100M 以上。

(2)软件环境。

①Windows2000、2003、XP；

②Word2003。

2. 建议

(1)在安装之前先将软件备份到硬盘，并妥善保管。

(2)保持整洁、良好的环境，注意防尘、防潮、防电压波动过大。

(3)插拔加密狗或与打印机连接时先关闭机器电源。

4.2.2 软件安装与卸载

1. 软件组成

若购买了该软件的正式产品，用户会发现该软件产品有以下几部分：标书快速投标集成系统光盘 1 张、标书快速投标集成系统用户手册 1 本、梦龙用户注册授权书一本、软件加密狗 1 个。

2. 软件安装与卸装

在使用软件之前首先将该软件安装在相应的机器上。这样机器的硬盘介质就存贮了该软件的的信息，下次运行的时候就可直接运行此软件。

将安装光盘放入光驱，找到 setup. exe 文件并双击，将出现"梦龙安装向导"界面，表明安装程序正在准备安装、维护与卸载向导，它将判别 Windows 系统是否已经安装了该软件；如果发现 Windows 未安装该软件，安装程序将进入软件安装向导；如果发现 Windows 下已经安装了该软件，安装程序将进入软件维护向导，下面分别进行说明。

(1)系统未安装的情况。

双击启动安装程序进入安装向导，首先出现欢迎界面，点击"下一步"将出现询问是否接受许可证协议的画面，单击"否"将中止并退出安装，单击"是"将进行下一步安装，这时进入安装文件存储界面，要求用户选择安装文件的文件夹。单击"浏览"更换目的地文件夹，用户可以从列表中选择文件夹，也可键入或修改路径名称，若键入的文件夹不存在，安装程序将创建新的文件夹并安装到该文件夹下，单击"确定"后回到安装文件存储界面，单击"下一步"将进行安装，安装完成后出现相应界面，点击"完成"即可。安装完成后桌面上创建快捷方式，用户可以根据自己的需要进行选择安装。

(2)系统已经安装的情况。

如安装程序检测到系统中已经安装了该系统，安装程序将在初始化后进入维护向导，它允许用户对已经安装的程序进行修改、修复和删除。"修改"是对程序组件进行添加或删除，"修复"是对程序进行重新安装，"删除"指卸装该系统。

若在维护向导中选择"修改"，可以在出现的对话框中选择要添加或删除的组件，若全部不选中组件,则相当于卸载,选完后单击"下一步"将进行组件的添加或删除。

　　若在维护向导中选择"修复"选项,则重新安装以覆盖原文件,这样可以修复遭到破坏导致程序不能运行的文件,单击"下一步"安装程序将自动选择原来的安装路径重新安装。

　　若在维护向导中选择"删除"则进入卸载程序,按"下一步"安装程序将弹出对话框询问"是否要完全删除所选应用程序及其所有部件",单击"确定"后安装程序将完成应用程序的卸载。如图 4-1 所示。

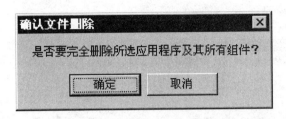

图 4-1　确认文件删除

　　注意:如果系统提示有共享的文件或者是组件,询问是否删除,如果用户不能确定此文件由哪个软件所使用,建议用户不要删除,否则可能出现此软件卸载后而其他的部分软件不能使用的情况。

　　通过上面的操作可完成程序的安装和维护工作,它们是通过运行安装盘中的 setup 文件进行的,如果是维护程序(卸载、修改或重新安装),也可通过下面两种方式进行:

　　①"控制面板"中选择"添加/删除程序",在"安装/卸载"选项卡中选择梦龙标书制作与管理系统,单击"添加/删除…"按钮。

　　②在"程序"→"梦龙软件"→"梦龙标书制作与管理系统"菜单中选择"卸载梦龙标书制作制作与管理系统"。

4.2.3　软件狗的安装

　　如果用户的计算机配置了 USB 接口,则计算机后挡板上面一般包含了两个标准的 A 型 USB 插座,将 USB 加密狗插入到 USB 插座即可。

　　注意事项如下:

　　(1)安装 USB 连接卡后往往要安装"加密锁管理驱动程序",如果在 USB 接口无法使用,请检查是否正确安装了驱动程序。

　　(2)如果在安装了 USB 连接卡以后无法找到 USB 设备,那么用户最好检查一下主板的 BIOS 里指定的 USB 资源功能项是否打开,否则将无法找到 USB 设备。

　　(3)单击"开始"→"运行",如果用户是单机锁则输入"MRLockc",如果是网络锁输入"MRLocks"。此时在屏幕的右下角会出现如图 4-2、图 4-3 所示小图标。

图 4-2　单机锁　　　　图 4-3　网络锁

4.3 标书管理

4.3.1 视图界面

梦龙标书管理界面如图4-4所示视图界面，主要包括视图面板、梦龙工具栏、标书管理结构树以及素材预览窗口。

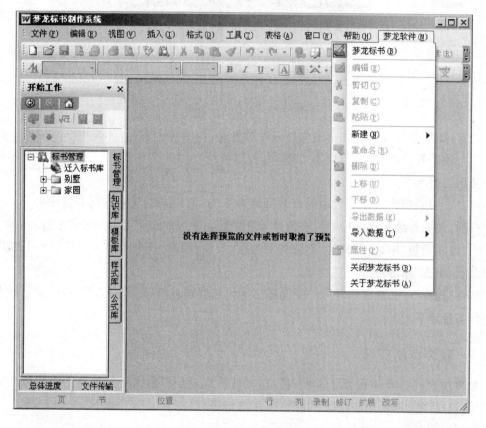

图4-4 "标书管理"视图界面

（1）Word工具栏：包括"文件""编辑""视图""插入""格式"等菜单。

（2）梦龙工具栏：工具条中工具按钮包含了与标书制作密切相关的工具，如图4-5所示。具体为：预览、编辑、插入公式、保存、退出编辑状态、上移、下移、生成标书、拖放模式。

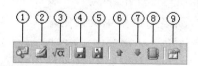

图4-5 工具栏按钮

（3）快捷菜单：在结构树中单击鼠标右键将弹出快捷菜单，可对当前选定的节点进行操作。主要包含菜单栏中的"操作"以及"编辑"菜单项中的内容。

(4)视图面板:分为标书管理、知识库、模板库、样式库、公式库,在打开一个标书时会增加标书一项。如图4-6所示。

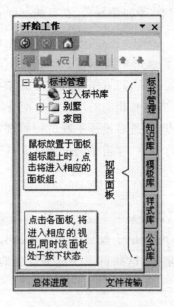

图4-6 视图面板

(5)标书管理结构:对标书分门别类进行管理,方便用户的维护、管理和查找。

(6)迁入标书库:此功能为预留节点,是网络标书的导入节点。

1. 标书管理结构树

如图4-7所示为标书管理结构树,该结构树类似于 Windows 系统下的资源管理器,以不同的图标表示不同的节点类型,见表4-1。

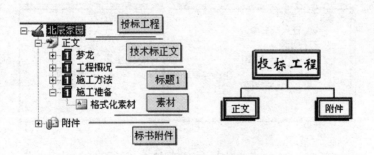

图4-7 标书管理结构树

表4-1 标书管理结构树的图标

图标	说明	下级节点
	根节点:标书管理	文件夹、投标工程
	文件夹:将同类的投标工程放置在同一文件夹下,方便查找与管理枝节点	子文件夹、投标工程
	投标工程:即标书,叶节点	无

标书管理结构树中的主要节点是投标工程,一个投标工程就是一份投标书。"正文"指通常意义上的施工组织设计,是投标工程的主要部分;"附件"主要是为"正文"服务的,是"正文"的附属文件,包括网络计划、平面布置图、动画演示(avi 格式)等。

2. 素材节点预览窗口

主窗体的侧面窗口为素材节点预览窗口,用于对投标工程中选定的节点内容进行浏览。在此窗口中可浏览网络计划、平面布置图以及技术标中各素材节点的内容。针对所选节点类型的不同,预览窗口的上方将有相应的工具按钮配合浏览。

标书管理的作用有以下两点:一是对投标工程进行管理,它通过标书管理结构树进行;二是对投标工程中的各节点进行预览,这需要通过预览窗口进行,下面将分别进行说明。

4.3.2 管理投标工程

随着投标工程的日益增多,需要对它们进行必要的管理,使用该系统建立文件夹并将同类的或相似的投标工程归类,它有助于投标工程的查找与管理。此外,还应不定期地对一些不再需要的投标工程进行清理,这些都属于标书管理的内容。总的来说,进行标书管理也即调整结构树的结构。

1. 鼠标拖曳

通过鼠标拖曳可以将投标工程从一文件夹(或根节点)拖曳到另一文件夹。操作方法:将要移动的对象(投标工程或文件夹)选中,同时按下 Shift 键,按住鼠标进行拖曳。如图4-8所示。

在同一文件夹下,支持节点的多选。操作方法:按住 Ctrl 选中不连续的多个节点,或按住 Shift 选中连续的多个节点,松开鼠标后,被拖曳的对象则成为目的文件夹下的节点。

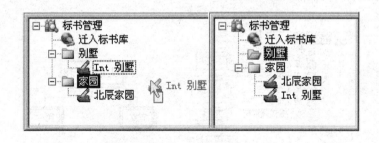

图4-8 鼠标拖曳

2. 菜单操作

通过快捷菜单对结构树进行操作,在结构树区域单击鼠标右键将弹出快捷菜单。快捷菜单各命令作用于当前选定的节点,因此,根据选中节点的类型不同,各菜单项将会有所区别。如图4-9所示为选中文件夹节点时的快捷菜单。

(1)新建节点。

该命令用于在当前选定的节点下增加一个子节点,该菜单项包含两个子菜单项,分别是"文件夹"与"标书"。

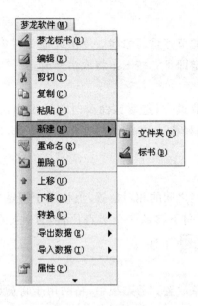

图 4-9 快捷菜单

选择"文件夹"时将会弹出一个对话框让用户输入要新建的文件夹节点的名称,并在用户按下"确定"按钮后增加"文件夹"类型的子节点。

选择"标书"时将会弹出一个对话框让用户输入要新建的标书节点的信息,并在用户按下"确定"按钮后增加"标书"类型的子节点。

如果用户选中选项"导入数据"此时将弹出如图 4-10 所示的对话框。

图 4-10 导入数据

导入的文件类型为"梦龙标书数据文件"(dat 格式)和"梦龙 1.0 版本标书数据文件"(bfe 格式)。前一个是新标书的格式,而后者是老标书的格式。选择一个文件,单击"打开"后将选中的文件导入到当前节点下。如图 4-11 所示。

图 4-11 导入文件

（2）重命名。

该命令用于对当前选中的节点重新命名。单击此命令时将弹出一个对话框，直接输入新的名称后按回车或点击确定即可。按 Esc 将取消修改。

（3）删除。

该命令用于删除选定的节点，当选取该命令时将弹出确认对话框，此时单击"取消"按钮将取消删除操作，以防止误操作。该命令支持节点的多选，即可以同时删除选中的多个节点。

（4）上移、下移。

该命令用于调整同级节点之间的相对位置，上移用于将选中的节点向上移动一个节点位置，下移用于将选中的节点向下移动一个节点位置，有关操作详见标书编辑中的相关内容。工具按钮为：⬆（上移）、⬇（下移）。

（5）剪切、粘贴。

剪切用于将要移动的对象放置到剪贴板中，粘贴用于将剪贴板中的节点粘贴到当前节点下，成为当前节点的下级节点，同时原来被剪切的对象将被删除，这样就实现了节点的移动。尽管可以运用鼠标拖曳（按住 Shift 键）实现节点的移动，但有时运用剪切、粘贴命令更为有效。

（6）标书属性。

当选中类型为"标书"时有效，用于显示该标书的信息。点击鼠标右键"属性"该命令将弹出如图 4-12 所示的"标书属性"对话框，可对里面内容进行编辑与修改。

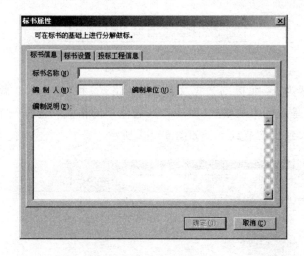

图 4-12　标书属性

4.3.3　素材预览

主窗体边上是素材节点预览窗口，用于对投标工程中选定的节点内容进行浏览。通过此窗口浏览网络计划、平面布置图、动画演示（avi 格式）以及技术标中各素材节点的内容。

针对所选节点类型的不同，预览窗口的上方将有相应的工具按钮配合浏览，下面将分别说明各类型素材预览时的工具栏。也可以通过单击预览图标打开预览。

1. 节点类型为平面布置

当节点类型为施工平面图（sit 格式）时，将显示如图 4-13 所示的工具按钮，各按钮的含义图中已经标示。

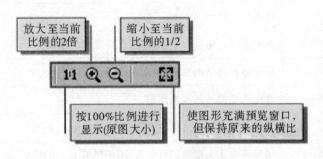

图 4-13　工具按钮

2. 节点类型为网络图

当选中的节点类型为网络图时，将在网络图的上方显示工具栏，包括两栏工具：一栏用于转换网络图模式，另一栏对显示比例以及横道图设置等进行转换，如图 4-14 所示。对网络图模式转换工具条简要介绍如下：

图 4-14　转换工具条

(1)绘图模式切换开关：用于切换标准表示模式和梦龙表示模式。

(2)边框切换开关：用于切换网络图是否包含边框。

(3)时标逻辑网络转换命令：设置显示模式为时标逻辑格式。

(4)时标网络转换命令：设置显示模式为纯时标格式。

(5)逻辑网络转换命令：设置显示模式为时标逻辑格式。

(6)梦龙单双混合网络转换命令：设置显示模式为卡片混合逻辑格式。

(7)单代号网络转换命令：设置显示模式为单代号格式。

(8)梦龙单代号网络转换命令：设置显示模式为梦龙单代号格式。

(9)横道图转换命令：设置显示模式为横道显示格式。

(10)不含资源曲线命令：在显示网络图或横道图时不含资源曲线。

(11)含资源曲线命令：在显示网络图或横道图时包含资源曲线。

(12)只含资源曲线命令：只显示资源曲线。

显示比例以及横道图设置等命令的简要说明如表 4-2 所示。

表 4 - 2 显示比例以及横道图设置命令

按钮	简要说明
缩小显示	用于缩小显示比例
1：1 显示	按原图大小进行显示
放大显示	放大显示比例
显示整图	在当前预览窗口内显示整图（保持原来的纵横比）
撑长网络图	横向撑长网络图或横道图
压缩网络图	横向压缩网络图或横道图
显示下一页	当显示模式为横道图时有效，用于显示下一页
显示上一页	当显示模式为横道图时有效，用于显示上一页
横道图设置	对横道图进行设置

其中最后三项用于对横道图进行操作，当预览窗口中的网络图显示模式为横道图时，这三个按钮有效。如：单击按钮 ![按钮] 将弹出如图 4 - 15 所示的横道选择对话框，与在"梦龙智能项目管理系统"中进行操作相同，当设置完毕后预览窗口中的横道图将响应此设置。

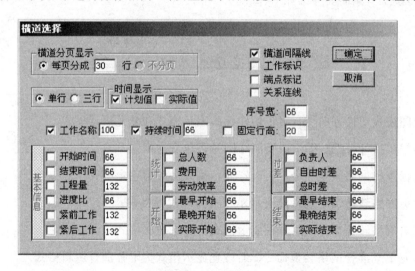

图 4 - 15 横道选择

有关网络图的具体操作详见"智能网络计划编制系统操作指南"中的相关内容。

3. 选择附件为动画演示

当选择附件类型为动画演示（avi 格式）时，系统将调用默认的媒体播放程序对动画演示进行播放，此时将出现如图 4 - 16 所示的工具按钮配合使用。

图 4 - 16 动画演示工具按钮

需要注意的是,如果显示模式为 256 色以下(含),则在预览动画演示时有可能会出现画面抖动的情况或预览区域成黑色,因此,建议尽量将显示模式设置为 256 色以上。

4.4　标书编辑

4.4.1　视图界面

在"标书管理"页面中选择一标书节点并打开后,将进入标书编辑状态,图 4-17 为"标书编辑"视图时的界面。

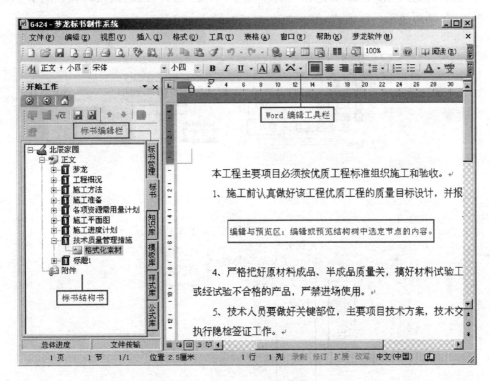

图 4-17　标书编辑视图

1. 标书知识节点与标书模板

(1)标书知识节点。

在标书编制过程中,不同工程之间的很多内容(如施工工艺、施工规范以及质量标准等)是相同的或相似的。例如,不管是房建工程,还是市政工程,对于钢筋工程的施工规范以及质量标准基本上一致。我们可以把这些相同或相近的内容归为素材,将大量的素材有机地组织起来就构成了知识库。当我们在制作标书的时候,可以将与该标书相关的素材直接拖曳到标书中,然后根据本工程的特点对这部分素材进行相应的修改,加快标书制作的速度。

(2)标书模板。

标书模板是以每一个完整的投标工程(包括技术标、商务标以及附件)为基本单位的,即一份完整的投标工程文件构成了一个模板,模板库是多个、各种样式的模板的组合。它与素材库相似,采用树型结构,将各种投标工程按照不同的类型分别存放。

一份模板就是一份完整的投标工程,我们平时制作新的投标工程时,一般是直接借用一个或多个相同或相似类型的投标工程,再稍加调整组成一份新的投标工程。

梦龙系统为用户提供了大量的素材与模板,不仅有建筑行业的,还包括公路、铁路、市政、电力等行业。用户还可自行下载最新的素材与模板。

2. 投标工程(标书)

一个投标工程包含正文和附件,"正文"指通常意义上的标书(施工组织设计),它是投标工程的主要部分;"附件"主要是为"正文"服务的,是"正文"的附属文件,包括网络计划、平面布置图、动画演示(avi 格式)等。如图 4-18、图 4-19 所示。

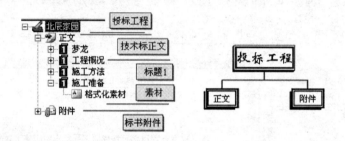

图 4-18　投标工程之一

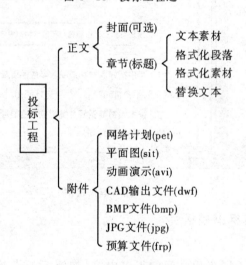

图 4-19　投标工程之二

在一项投标工程中,技术标日趋成为整个投标工程中最重要部分之一,正文由章、节及段落等多层结构组成,形成"树"形结构。"树根"是标书总称,"树枝"是各级标题,"树叶"是各级素材(即文本素材、格式化段落与格式化素材等)。一份标书由许多章组成,每章由若干节或段落构成,而每节包括若干段落,段落是标书结构的基本单位。

因此在制作标书时,可以根据需要插入各级标题,并在各级标题下添加相应的素材(文本素材、格式化段落或格式化素材等),各级标题组成章节,而素材则构成了各段落。

表 4-3 为正文的图标说明。

表 4-3　正文图标说明

图标	说明
	封面:标书的封面
	文本素材:在生成标书时,文本素材的字体格式和段落格式将受标书格式设置的影响
	格式化段落:在生成标书时,格式化段落的字体格式受标书格式设置的影响,而段落格式不受影响。如果在素材中含有"含有项目符号与编号"格式,一般应用格式化段落,否则在生成标书时,编号的格式有可能会受到影响
	格式化素材:是指带有自己格式的文本素材,在生成标书时,格式化素材将保持自己的字体和段落格式而不会受标书格式设置的影响
	替换文件(后面有详细说明)
	标题:表示各章节的标题,在"树根"下插入"标题"时,为"标题1",在各级标题下插入标题时,标题将依次为"标题2""标题3""标题4"……同时标题前的图标将有所区别

注意:文本素材与格式化素材的区别类似于文本文件(txt 格式)与 Word 文档的区别,文本文件是不带格式的,而 Word 文档则带有自己的格式。如果文本素材带有自己的字体或段落格式,而在"标书样式"设置中使用自定义的文字或段落格式,则在生成标书后,文本素材原有的格式将被转化成"标书样式"中设置的格式,格式化段落仅字体格式受影响,而格式化素材则保持自己原有的格式,完全不受标书格式设置的影响。

4.4.2　制作标书

1. 基本概念

在标书制作之前,对同级节点、下级节点的关系应清楚。根节点为标书名称,相当于树根,标题相当于文章的章节,相当于树枝,素材为文章的段落,是最小的单位,相当于树叶。

下面所说的素材,不仅仅局限于"正文"中的文本素材、格式化段落或格式化素材等,附件中的网络计划、平面图等统称为素材。

2. 鼠标拖曳

(1)从"素材库/模板库"窗口向"标书编辑"窗口拖曳。

组织标书结构时,可以直接从"素材库/模板库"窗口中拖曳素材到"标书编辑"窗口中。拖曳前要点击工具栏按钮进入拖放模式,首先选中所需的节点(标题或素材),然后按住鼠标左键把选中的内容拖曳到结构窗口中的适当位置;当拖放的是多个节点时左手按住 Ctrl,右手用鼠标点击用户所需要的(标题或素材)把选中的内容拖曳到结构窗口中的适当位置。在拖曳过程中,鼠标会有两种状态: 或 ,前一图标表示目前拖曳的是单个节点;出现后一种图标则表示当前拖放的是多个节点。如图 4-20 所示。

图 4-20　拖曳添加素材

（2）在投标工程内部进行拖曳。

在标书中各节点之间也可以进行拖曳，有以下三种方式：

①直接用鼠标进行拖放，拖放的结果是将被拖放的节点拖放到新位置的上方，成为该节点的同级节点。通过这种方法可以调整各节点的先后位置。

②在按住 Shift 键的同时用鼠标进行拖曳，此时将把被拖放的节点拖曳到节点（只能是标题节点）下，成为该标题的下级节点。此时将放置到下级节点的最后位置。注意用 Shift 键盘配合鼠标拖曳实现的功能是节点的移动。

③在按住 Ctrl 键的同时用鼠标进行拖曳，此时将把被拖放的节点复制到节点（只能是标题节点）下，成为该标题的下级节点。注意用 Ctrl 键盘配合鼠标拖曳实现的功能是节点的复制。

操作时注意以下事项：

①用 Ctrl 键或 Shift 键配合鼠标拖曳的时候，只能将被拖放的节点拖放或复制到标题节点下，而不是素材节点下。

②若节点 A 是节点 B 的下级，则不能将节点 B 用任何方式移动到节点 A 的同级或下级位置上。

③若进行拖曳时，被拖曳的对象是标题节点，则将该标题节点下的所有内容一起进行拖曳。

④"封面"类型的节点只能位于正文下一级，因此，各"封面"节点之间可以通过拖曳调整位置，但无法将"封面"类型的节点拖曳到标题节点下。

（3）移动。

如果用户想把"新建标题"放到"工程概述"的前面，单击"新建标题"按住鼠标左键拖拉到"工程概述"节点松开左键，这样"新建标题"就放到"工程概述"的前面了。如图 4-21 所示。

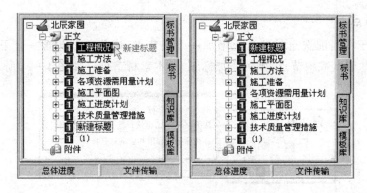

图 4-21 将"新建标题"放在"工程概况"前

①按住 Shift 移动。

如果用户想把"新建标题"放入"梦龙"文件夹内,先按 Shift 键再单击"新建标题"按住鼠标左键拖拉到"梦龙"节点松开左键,这样"新建标题"就放到"梦龙"的里面了。如图 4-22 所示。

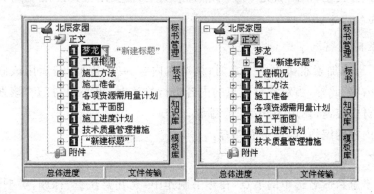

图 4-22 将"新建标题"放入"梦龙"内

②按住 Ctrl 移动。

如果用户想把"技术质量管理措施"复制到"梦龙"文件夹内,先单击"技术质量管理措施"按住鼠标左键拖拉到"梦龙"节点时再按住 Ctrl 键然后松开左键,这样"新建标题"就放到"梦龙"的里面了。如图 4-23 所示。

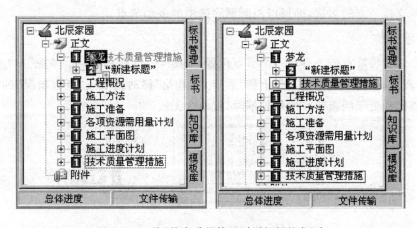

图 4-23 将"技术质量管理"复制到"梦龙"内

3. 添加节点

该命令用于在当前选定的节点上增加一下级节点,该菜单项包含一个子菜单,当前选定节点若为标题节点或根节点,则可添加标题、文本素材节点。如图 4-24 所示。

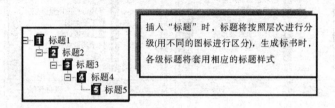

图 4-24　添加节点

因为各标题将根据标题的层次自动进行标题样式(标题 1、标题 2、标题 3……)的设置,因此,如果添加的节点为"标题",则直接在添加时键入新的标题名称即可;但如果添加的节点为"文本素材"等类型,则添加完毕后,节点内容为空,需要用工具按钮 打开此节点调入 Word 添加相应的内容。

4. 编辑素材内容

如上所述,当添加素材类型的节点时,该节点内容为空,因此,需运用该命令打开该节点以输入新的内容;此外,当对素材节点的内容进行修改时,也必须"打开"该素材节点进行编辑。编辑素材内容,将调用 Word 进行编辑。

关于素材内容的编辑,详见下面内容。

5. 重命名

该命令用于重新命名选中的节点,在标书制作中,尤其要注意"标题"类型节点的命名,因为在生成标书时将直接引用标题的名称,而素材节点仅仅是为了相互之间进行区分的需要,比如可以输入简要的文字信息说明该节点的有关内容。

6. 删除

该命令用于删除选定的节点,当选取该命令时将弹出确认对话框,可以单击"取消"按钮取消删除操作,以防止误操作。

该命令支持节点的多选,即可以同时删除选中的多个节点。

7. 上移

该命令用于将节点向上移动一个节点位置,如图 4-25 所示,节点"梦龙"在"上移"前位于节点"工程概况"的下方位置,在"上移"后节点"梦龙"移动到节点"工程概况"的上方。当选定的节点已经处于同级节点的最顶端时,该命令无效。

图 4-25　将节点向上移动一个节点位置

8. 下移

该命令用于将节点向下移动一个节点位置,如图 4 - 26 所示,节点"梦龙"在"下移"前位于节点"工程概况"的上方位置,在"下移"后节点"梦龙"移动到节点"施工方法"的下方。当选定的节点已经处于同级节点的最底端时,该命令无效。

图 4 - 26　将节点向下移动一个节点位置

9. 剪切

该命令用于将当前选定的节点(支持节点的多选)放入剪贴板,当选定新节点位置(必须是标题节点或根节点)时,使用"粘贴"命令将剪贴板中的内容粘贴到新节点位置,成为新节点位置的下级节点,同时删除原来选定的节点(即放入剪贴板中的节点)。通过这种方法可以实现节点的移动,多用于远程节点的移动。

综上,有三种移动节点的方法,一是用鼠标进行拖曳,二是用"上移"、"下移"以及"升级"命令,三是用"剪切""粘贴"命令实现节点的移动。一般来说,鼠标拖曳比较灵活,不管对相邻的节点之间还是远程节点之间都适用,而"上移""下移""升级"在相邻节点上的处理还是比较方便的,"剪切""粘贴"命令更多地运用于远程节点的移动。

10. 复制

该命令用于将当前选定的节点复制到剪贴板,当选定新节点位置时,使用"粘贴"命令将剪贴板中的内容粘贴到新节点位置,成为新节点位置的下级节点。

通过"复制"和"粘贴"的方法可以实现节点的复制,这种方法不仅能实现"标书"窗口中各节点的复制,还可以在"标书素材"、"标书模板"窗口中将选定的节点进行"复制",然后在"标书编辑"结构树中选定一标题节点(或根节点),运用"粘贴"命令可以将"标书素材"、"标书模板"中的节点复制到该标题节点下(或根节点),成为该标题节点(或根节点)的下级节点。

11. 粘贴

将剪贴板中的节点粘贴到选定的节点下,"粘贴"后,剪切板中的节点将成为该节点的下级节点。

该命令必须与"剪切"或"复制"命令一起配合使用。

12. 转换

该命令用于素材节点之间的类型转换。前面说过,素材节点是文本素材、格式化段落、格式化素材等各类型节点的统称,它们之间是可以相互转换的,另外,各素材又分为正常版式与横向版式,这是指纸张的方向,一般情况下纸张采用纵向,但对于一些内容如图形、表格、组织结构等,有时必须采用横向版式(参见 Word 中的"页面设置")。"转换"命令可以在正常版式与横向版式中进行相互转换。如图 4 - 27 所示。

因此,一个素材节点可以通过"转换"命令转换为其他格式或版式的素材节点。选定一素材节点时,选取"转换"命令将弹出子菜单(或下拉菜单),各菜单项随当前选中的素材节点类型而变化,如图 4 - 28 所示为选中正常版式文本素材类型的节点时,单击转换命令按钮出现的下拉菜单,在此菜单中选取一类型或版式后将使当前节点(文本素材)转换该类型或版式。

图 4 - 27 转换的内容

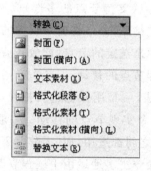

图 4 - 28 转换命令菜单

替换文本是系统新添加的一种节点类型。具体操作为:单击右键菜单中"转换"最后一项"替换文本"。图标由"文本素材"变为"替换文本"如图 4 - 29 所示。

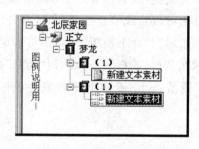

图 4 - 29 替换文本

编辑替换文本节点的操作如下:打开"替换文本"节点文件此时会出现与图 4 - 30 所示类似的样式。当用户输入完"中国最强 IT 企业"后在工具栏里添加一个内容为"《梦龙科技》"的变量 1,在继续往下写"全球最强 IT"后再工具栏在添加另一个内容为"(微软)"的变量 2。如用户需要将"中国最强 IT 企业《梦龙科技》"改为"中国最强 IT 企业(微软)"并将"全球最强 IT(微软)"改为"全球最强 IT《梦龙科技》"只需修改变量 1 内容为"(微软)"和变量 2 内容为"《梦龙科技》",变量改变后如图 4 - 31 所示。

图 4 - 30 替换文本例子

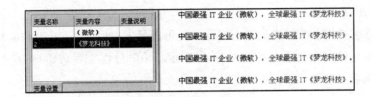

图 4 - 31 变量替换后结果

13. 导出

该命令用于将标书数据导出到磁盘中(包括软盘、硬盘、网络等),可以选择三种导出方式进行数据的导出:导出工程文件、导出结构文件以及导出节点文件。

(1)导出工程文件。

当前选定的节点为根节点(投标工程)时,可以将该文件导出为工程文件,该文件为格式为 dat 的压缩文件。

当导出工程文件时,将弹出输入导出文件名称的对话框,单击按钮 ,将在当前选定的文件夹下创建一新的文件夹,输入文件名称后单击"保存(S)"即将文件存放于该文件夹下。

导出的工程文件不能在标书编辑时进行导入,只能在"标书管理"视图中新建投标工程,弹出的对话框中选择"导入标书"选项进行导入。

(2)导出结构文件。

当选择导出结构文件时,系统将把选择的节点(支持节点的多选)按照各节点的结构层次压缩成一个文件,文件格式为梦龙标书格式数据文件(.ffe),该文件可以运用"导入"命令重新导入到系统中,导入后将恢复为原来的结构层次。

当导出结构文件时,将弹出选择导出文件所在文件夹路径的对话框,输入文件名称后单击"保存(S)"即将文件存放于该文件夹下。

操作时注意以下事项:

①导入、导出知识库文件。

导出工程文件当前选定的节点为根节点(投标工程)时,可以将该文件导出为工程文件,该文件为格式为 dat、ffe 的压缩文件。

A. 导入:在知识库单击鼠标右键导入用户事先做好的数据文件导入(.dat、.ffe)文件格式。前一个是新版本的文件格式,后者是老版本的文件格式;在知识库以下的节点导入.pet、.sit、.frp、.dwf、.bmp、.jpg 等格式的素材文件。

B. 导出:在标题 1 处可以导出数据文件(.dat),在素材里可以导出数据文件(.dat)和素材文件(.doc)

②导入、导出模板库文件。

A. 导入:在模板库、文件夹、技术标和标书附件单击鼠标右键导入用户事先做好的数据文件导入(. dat、. ffe)文件格式。前一个是新版本的文件格式,后者是老版本的文件格式。在技术标导入的是素材文件(. doc),在标书附件导入 . pet、. sit、. frp、. dwf、. bmp、. jpg 等格式的素材文件。

B. 导出:在文件夹、标题和素材可以导出数据文件(. dat);在素材导出的是素材文件(. doc)。

③导入、导出功式库。

A. 导入:在公式库和文件夹处单击鼠标右键可以导入数据文件(. dat)和素材文件(. dat)。

B. 导出:在文件夹和公式处单击鼠标右键可以导出数据文件(. dat);在公式处单击鼠标右键可以导出素材文件(. doc)。

14. 导入

该命令用于在当前选定节点下导入结构文件与节点文件。此处的结构文件是以 . ffe 为扩展名的压缩文件,此结构文件是运用导出结构文件命令导出的文件。

当选择导入结构文件时,将弹出文件导入对话框,选择文件后单击"打开(O)"按钮将选中的结构文件导入到当前选定的节点(或根节点)下,成为该节点的下级节点。导入的结构文件是运用"导出结构文件"命令导出的。注意如果结构文件中包含的结构层次不适合当前节点(如将包含整个工程的结构文件导入到某一标题节点下),将不能进行导入。

15. 存为模板

该命令用于将当前处于编辑状态的标书存为模板。运行该命令后,将把标书另存到模板库中的根节点下,成为模板库中的模板,模板名称与标书名称相同。

可以在"标书模板"视图编辑该模板,或将该模板拖曳到特定的文件夹下,当下次新建投标工程时可以调用该模板。具体操作以及操作后的结果见图 4 - 32。

图 4 - 32　编辑模板

16. 标书制作

结构树以及素材内容编辑完毕后,即可进行标书制作。选中"技术标"根节点,在快捷菜单中选取该命令后将进行标书的生成。

17. 编辑生成的标书

标书生成后,存盘退出到"标书编辑"视图,此时,选中节点为"正文"根节点时的快捷菜单中将出现"编辑生成的标书"命令,若不存在与当前标书对应的标书文档,该命令不可见。该命令主要用于对生成的标书文档进行编辑。

18. 保存

该命令用于保存对素材内容的修改,但不退出素材编辑状态。

19. 退出编辑状态

操作该命令时,如果把素材没有保存系统则会询问用户是否要保存。

4.4.3　生成标书

在投标工程结构树中选中根节点,单击鼠标右键选取"生成标书"命令或单击工具按钮即可进行标书的生成。

图4-33至图4-35是标书生成过程中的控制按钮以及状态栏的说明:

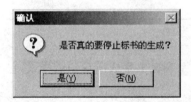

图4-33　控制标书的生成,可取消标书的生成

系统状态：格式化"标题5"……

图4-34　显示目前的系统状态

图4-35　显示当前标书生成的进度

标书生成后将弹出"标书生成完毕"的信息提示框,此时进入素材内容编辑状态。与在生成标书前编辑单个素材节点内容时不同,此时在窗体的左侧显示的仍为标书结构树,但是窗体右侧显示的不是单个素材节点的内容,而是整个标书的内容,标书生成后光标将定位于整个文档的最前端。在标书结构树中选取节点后,编辑区域的光标将自动定位于该节点内容第一个字符的前面。

在编辑区域中可以调整标书细节,调整完毕后将光标定位于目录区,按F9将弹出"更新目录"对话框。一般来说,如果没有增加标题,选择"只更新页码"即可更新目录。

当对整个标书内容调整后即可单击"取消编辑"按钮保存退出,在此时弹出的对话框中选择文件夹并输入文件名称后单击"保存(S)"将标书保存到指定的文件夹,也可单击"取消"或按 Esc 键取消文件的保存。

退出到"标书编辑"视图,此时仍然可以选择"编辑生成的标书"菜单命令编辑此标书,当然,也可脱离系统直接在 Word 中调入此文件进行编辑。

生成标书后,即可进行报标文件的生成了。

进行操作时注意以下事项:

(1)生成标书时,对于标书结构树中的标题节点,将自动根据标题的层次设置标题的样式,同时生成的标书中各标题名将引用相应的节点名称。

(2)生成标书时,文本素材中的标题样式将被转变成正文,因此,对于文本素材最好不要标题。如要保留原文本素材的标题,最好将该文本素材转换成格式化素材。

(3)对于格式化素材或格式化段落来说,是可以带标题的,如果在生成标书后,目录与标书结构树中的标题结构不太一样,则说明格式化素材或格式化段落中带有标题;如果希望生成的目录与标书结构树中的标题结构一致,则应在生成前将它们的标题去掉或将之转换成文本素材。

(4)生成标书的过程中,不要再对 Word 进行操作,否则可能导致生成的标书出现乱码或异常终止。

4.5 样式库编辑

样式库面板如 4-36 所示,每一个样式节点代表一系列标书生成所应用的样式,包括目录设置、页面设置、标题格式、页眉页脚、正文设置等。

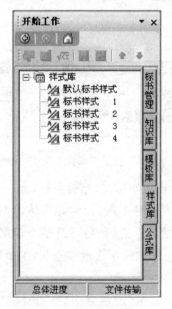

图 4-36 样式库面板

4.5.1　目录设置

目录设置如图 4-37 所示,可以选择是否显示页码,可以选择是否页码右对齐,由于 Word 最多支持 9 级标题,因此,本系统能生成 9 级目录,用户平常使用时一般使用时只需三、四级即可。

图 4-37　目录设置

制表符前导符样式有如图 4-38 所示四种样式供用户选择。

图 4-38　导符样式

格式有不同格式的目录样式供选择。

目录标题主要用于设置新的目录标题,输入新的目录标题。

4.5.2　页面设置

页面设置选项如图 4-39 所示,其中页面设置与 Word 页面设置大致相同,分节代表在指定的位置处添加一分节符以便另起一页。

在生成标书时,对于不同版式的素材,即纵向与横向版式之间必然要分节的,即在一纵向版式的素材之后跟一横向版式的素材,横向版式的素材必须另起一页,反之亦然。

除了上面的情况必须分节外,还可以在标题处设置分节,这主要是从版式的美观上考虑的。也可以在"选项"页面中设置在何处开始分节,共有三种设置选择:(无)、标题1、标题2。

如果选择"(无)",则在生成标书时,除了版式的正常分节外,不会再进行其他分节,标书的内容将按顺序连续排版输出。

图 4 - 39　页面设置

如果选择"标题1",则在生成标书时,凡是遇到"标题1"(样式)的地方即另起一页,不会随前面的内容连续排版输出,如图4-40所示。

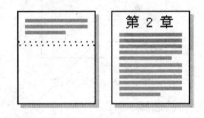

图 4 - 40　分节示意

如果选择"标题2",则在生成标书时,在"标题2"(样式)处将另起一页。

需要注意的是,在 Word 中共有四种分节方式,在梦龙软件中分节指的是"下一页"。

4.5.3　标题格式

标题格式设置如图4-41所示,该页面主要用于设置标题样式,包括编号格式、编号样式、标题的字体与段落格式以及编号、文字位置等。

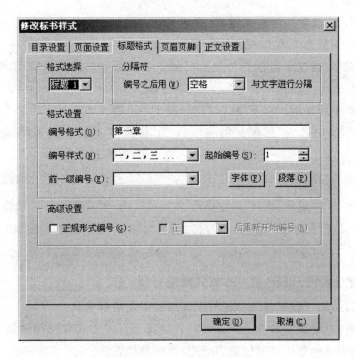

图 4 - 41　标题格式

(1)格式选择:选择要修改的标题样式名称。

(2)编号之后:包含三种选项:制表符、空格、不特别标注。选择"制表符"(或"空格")时,将在编号之后加一制表符(或"空格"),也即在编号之后留出一制表符(或"空格")的空白位置。选择"不特别标注"时将不留空白位置。

(3)编号格式:显示并设置选中的标题级别的编号格式,可以在此输入文字或符号,但是必须在选取"编号样式"以后才能输入文字或符号。

例如:选取一项编号样式如 ，此时将在格式框中显示该样式 ，其中数字 呈灰色,表示编号样式;将光标定位于该数字的前面和后面,分别加上文字"第"和"章",此时格式框变为 。注意:数字 为编号样式,不可修改或删除,只能从编号样式中选择。

(4)编号样式:显示编号样式,单击下拉箭头将弹出下拉框,在下拉框中选择编号样式。选择完毕后,将在格式框中显示此样式。除用鼠标单击下拉箭头外,还可以使用方向键↑或↓进行选择。见图 4 - 42。

图 4 - 42　编号样式

（5）起始编号：当选取编号样式后，生成标书时将按照该标题在文档中的顺序自动进行编号，缺省的起始编号为1，可以在此进行修改。

（6）前一级编号：通过下拉框选择是否需要上一级编号。按照选择的顺序在格式框中自动排列。

例如：在标书中经常运用以下格式，即"标题1"为"第X章"，"标题2"为"第X节"，"标题3"为"X.Y.Z"（其中X为"标题1"的编号，Y为"标题2"的编号，Z为"标题3"的编号），可以设置为：

在"级别"中选择"标题1"，选择"编号样式"为"一、二、三…"，在"格式"中修改为"第一章"。

在"级别"中选择"标题2"，选择"编号样式"为"一、二、三…"，在"格式"中修改为"第一节"。

在"级别"中选择"标题3"，选择"编号样式"为"1、2、3…"，在"前一级"编号中选择"标题1"，然后在选择"标题2"，此时"格式"框中显示为 格式(O): ——1 ，在窗体中选择选项 ☑ 正规形式编号 后变成 格式(O): 111 ，进一步将其修改为"1.1.1"。

（7）字体、段落：用于设置各级标题的字体格式以及段落格式。

（8）编号位置：主要设置对齐方式以及对齐位置。对齐方式有三种选择，即：左对齐、居中、右对齐，分别表示标题所处的位置为靠左、居中与靠右。

（9）对齐位置：表示标题编号相对于正文边框的距离。可以直接在此框输入数字，也可通过单击上下箭头 进行调整。

（10）文字位置：设置文字的缩进位置，该位置表示不是首行的标题文字相对于正文边框的距离。如果标题比较长，可以通过设置文字的缩进位置使版式美观。

（11）正规形式编号：可选项，正规形式编号是指编号样式为阿拉伯数字的样式，即"1，2，3…."为正规形式编号。选中该选项后，将把格式框中的所有非正规形式编号样式更改为正规编号样式。

4.5.4 页眉页脚

页眉页脚设置如图4-44所示，单击该命令按钮后将调用Word中的"插入页码"对话框，可以在该对话框中设置页码显示的位置、对齐方式以及页码格式。在此选项卡中，可以选择页眉、页脚的版式以及页眉、页脚设置。可以参见Word中的帮助文件以获取详细信息。

（1）奇偶页不同：可选项，选中此选项后可以分别设置奇数页与偶数页的页眉与页脚。

（2）首页不同：可选项，选中此选项后可以分别设置首页与其他页的页眉与页脚。

（3）显示设置：单击此按钮弹出对话框，在此键入页眉/页脚的内容。单击"插入文字（T）"将弹出下拉框，根据分节的情况不同，在当前光标位置处插入标书名称或各级标题的名称；单击"插入页码（P）…"在当前光标位置处插入页码，输入完毕后单击"确定（O）"将保存输入内容并退出，如果要取消操作，可以单击"取消（C）"或按Esc键。

（5）字体：调用字体对话框设置页眉/页脚的字体格式。

（6）段落：调用段落对话框设置页眉/页脚的段落格式。

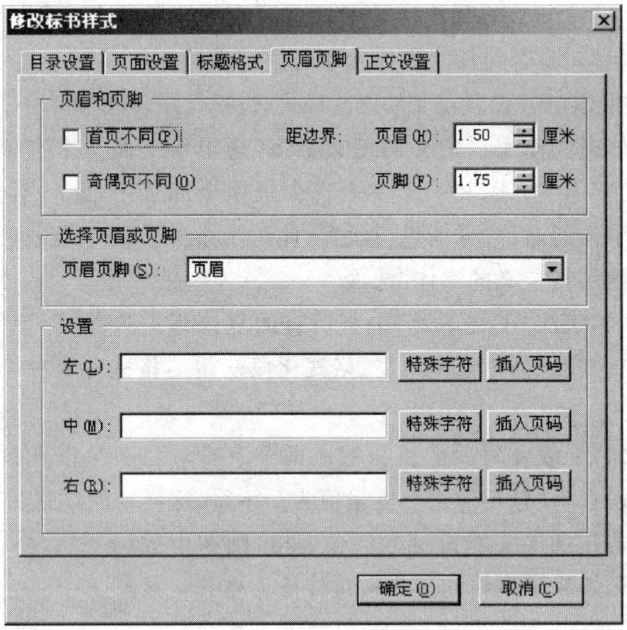

图 4 - 44　页眉页脚

4.5.5　正文设置

正文设置的对话框如图 4 - 45 所示,选择是否使用自定义的正文字体或正文段落,与 Word 一样,系统默认的字体格式是五号常规宋体,段落格式为单倍行距,行间距以及缩进为 0。

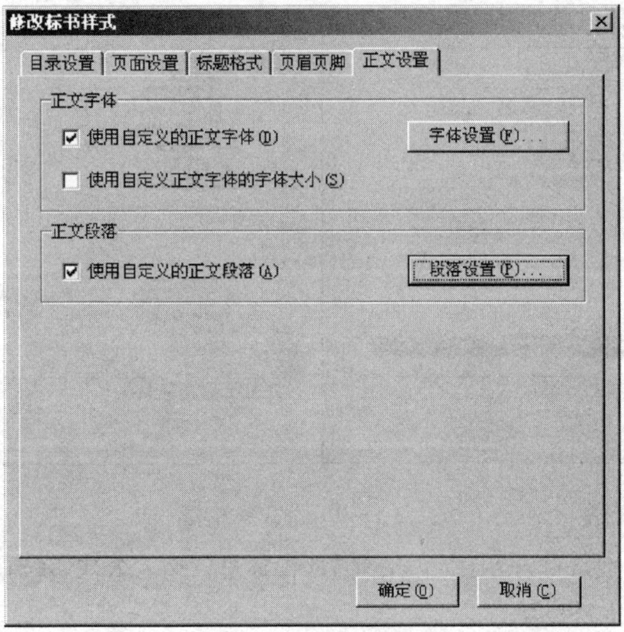

图 4 - 45　正文设置

单击按钮"正文字体（F）"将弹出字体对话框对正文字体进行设置，在此可以对字体名称、字体样式（是否粗体、是否斜体）、字体大小等进行设置。

单击按钮"正文段落（P）"设置正文的段落样式，包括行距、行间距、缩进以及特殊格式等。

自定义正文字体时，"使用自定义的正文字体"选项与下面三个选项是互斥的，若选中"使用自定义的正文字体"选项，相当于下面三个选项全部选中，此时不必再选择下面三个选项。也可单独对字体的名称、样式进行设置，此时选中其中的一项或两项即可，若三项全选，则相当于选中"使用自定义的字体"选项。

需要注意的是，如果在"正文设置"中将所有的复选标记去除，即不使用自定义的正文字体以及自定义的正文段落，则文本素材、格式化段落将与格式化素材一样，在生成标书时将保留为原来的格式。

按照中文的习惯，一般在每段的首行缩进两个字符，因此，可以在自定义正文段落时，将段落的特殊格式设置为"首行缩进"，度量值为2字符，这样在文本素材的每个段落的首行将缩进两个字符。但是如果文本素材中包含表格，则在生成标书后，将在每个单元格中缩进两个字符，因此，最好将带表格的文本素材转换为格式化素材。

4.6 公式库编辑

公式库是新版本标书添加的新类型的库，它帮助用户管理投标过程中所需的各种计算公式。

公式节点的编辑与替换文本相似，添加好公式所需的变量名称和内容后，在公式编辑页面里输入计算公式，其结果以"Result＝"表示，如图4-46所示。

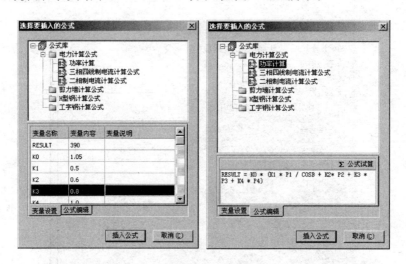

图4-46 公式编辑

在编辑其他类型素材内容时，单击 $\sqrt{\alpha}$ ，此图标可以插入公式，在插入公式时可将其变量内容用实际数据进行替换。

提示：有一定计算机基础的人员才可对公式内容使用VB Script进行编写。

实训题

参见附录案例,编制某建筑类职业院校新建教学楼工程投标书。

(1)训练类型:设计。

(2)训练成果:施工现场平面图。

(3)训练步骤:专用机房操作为主。

品茗三维施工策划软件

第5章

品茗三维施工策划软件(以下简称为"该软件")是品茗 PBIM 系列的一款应用于建筑工程施工领域的专业软件,该软件可满足建筑工程在投标阶段的技术标投标应用以及施工阶段的建造应用。该软件基于 BIM 技术研发,通过工程设计总图的导入可快速实现建筑工程在项目不同施工阶段(基础、结构、装饰)的总平面的布置,可一键切换快速实现施工现场总平面三维模型,并且通过施工进度计划的嵌入实现。该软件一般用于建筑工程施工安全技术的分析和管理,涵盖编制、审核、论证等技术管理环节。

通过本章的学习应掌握该软件的安装、了解软件的基本功能。

5.1 运行环境和软件安装

(1)系统环境:Windows 7,Windows 8,Windows 10 系统。

(2)运行环境:因该软件基于 AutoCAD 软件平台研发,目前支持的版本有:AutoCAD 2008(32bit)、AutoCAD 2014(32/64bit),若运行本软件,请确认是否已正确安装上述版本的 AutoCAD 软件。

(3)硬件要求(推荐):

①CPU:主频 3.5G HZ 及以上,建议 I5、I7 四核及以上;

②内存:16G;

③显卡:OpenGL 4.0 及以上,Nvidia(英伟达)独显,GeForce GTX 7 系列及以上;

④显存:4G 及以上显存。

(4)最低配置要求:

①CPU:主频 2.0G;

②内存:4G;

③显卡:支持 OpenGL,Intel 集成显卡或者 Nvidia(英伟达)独显,比如 Intel HDGraphics 4000 以上,或者 Nvidia Geforce 6 以上;

④显存:1G 及以上。

(5)软件安装:双击安装包,按提示即可完成软件的安装。若电脑中安装了多个适合的 AutoCAD 软件,那么先找到软件的路径,如 D:\PINMING\品茗三维施工策划软件,找到文件"PMCAD_ChangeMode.exe",双击启动后手动选择"熟悉"的软件平台,如图 5-1 所示。

图 5-1　品茗图形平台配置界面图

（6）软件启用：双击电脑桌面上的软件图标即可启动，如下图 5-2 所示。若未插入对应软件锁的情况下，自动进入学习版。学习版中部分功能受限，但不影响对软件的操作练习。

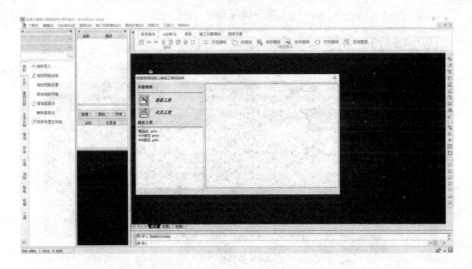

图 5-2　软件启动后的欢迎界面

5.2　软件整体功能及相关参数

5.2.1　软件整体介绍

该软件可将建筑总平图导入，通过内置识别转化以及软件内置构件布置，快速完成施工现场分阶段施工总平面布置。该软件主要功能如下：

1. 平面图 CAD 辅助设计

该软件基于 CAD 平台运载，保留了 CAD 原有操作命令，也可实现 CAD 截面转换。见图 5-3。

该软件内置大量参数化构件满足施工现场各施工阶段设施的布置；内置识别转化功能和各施工阶段复制功能，快速完成 CAD 建筑总平图中的构件读取且能够实现施工多阶段的同步操作；进而分阶段导出施工总平面布置图。见图 5-4、图 5-5。

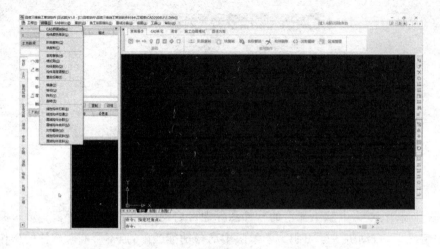

图 5-3　主界面与 CAD 切换功能

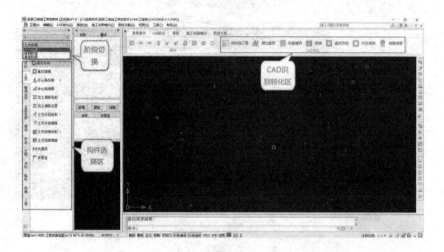

图 5-4　阶段切换、构件选择区、CAD 识别转化区位置

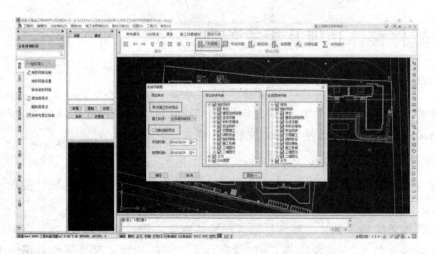

图 5-5　施工总平面布置图导出功能

2. 三维模型切换与导出

该软件可实现分阶段施工总平面布置图的二维切换三维模型,且能够拍照导出高清三维施工总平面布置效果图。见图5-6。

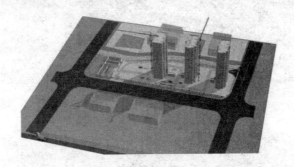

图5-6 导出三维图片

3. 快速生成施工模拟动画

该软件可将施工各阶段平面布置构件与施工总进度计划进行关联,进而生成项目施工建造模拟动画。见图5-7。

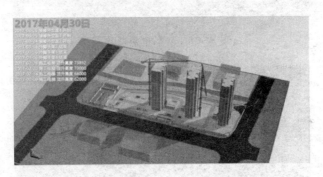

图5-7 装修阶段施工动画截图

4. 安全文明标化及绿色施工落地

该软件可实现企业文明标化图集落地于施工现场,软件内置大量的文明绿色施工、生活设施、施工现场安全防护所需要的构件模型,通过三维效果展示,满足并助力实现项目施工现场安全文明标化工地的落地。见图5-8至图5-11。

图5-8 生活区效果

图 5-9　安全体验区效果

图 5-10　防扬尘模型效果

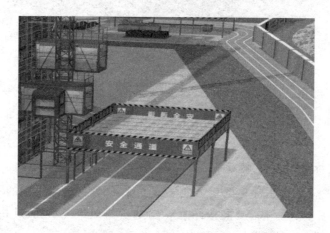

图 5-11　安全通道及加工棚

5. 土方开挖方案设计及动画模拟

　　该软件支持多类型基坑支护,如基坑放坡、土钉墙支护、钢板桩支护、地下连续墙、排桩支护(悬臂桩+内支撑)等;支持多样式的基坑开挖方式,如整体分层开挖、分层分段开挖、中心岛式开挖等。见图 5-12。

　　通过设置分段规则、出土道路位置及方向、中心岛构件区域以及土方开挖需要使用的土方机械构件、开挖的收尾形式,通过项目施工总进度计划的代入关联,实现满足施工项目基坑开挖的多种不同土方开挖模拟动画视频,以便于项目决策拟定最佳基坑开挖方案的设计。见图 5-13。

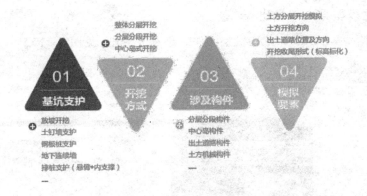

图 5-12 基坑支护及土方开挖设计参数

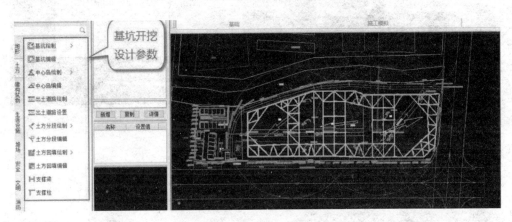

图 5-13 基坑开挖设计功能界面

6. 各施工阶段场地工程量统计

该软件可智能统计在项目不同施工阶段中的材料用量,如生活区、施工区域的材料堆场、场内硬化地面、安全文明设施等相关构件的材料统计量。见图 5-14。

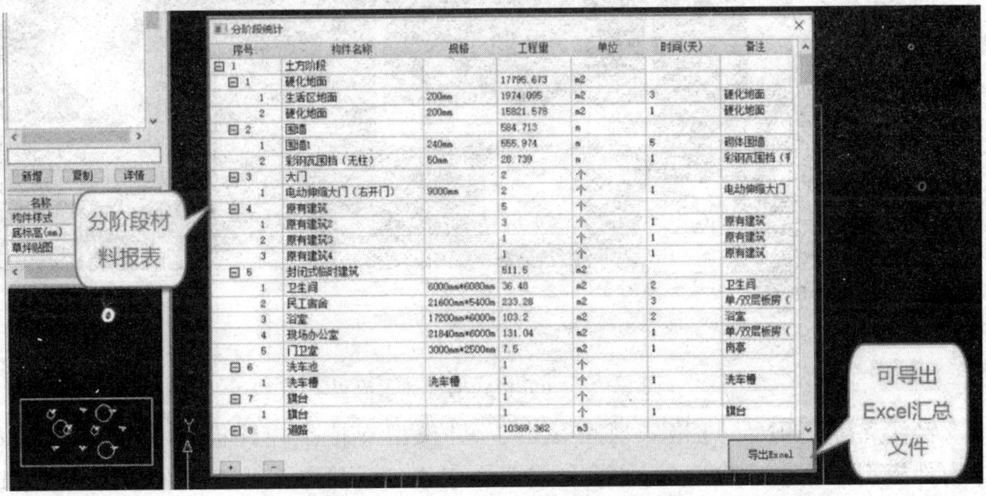

图 5-14 分阶段材料统计报表界面

7. 开放性模型导入与导出

该软件支持品茗 PBIM 格式的模型文件的导入与导出。见图 5-15。

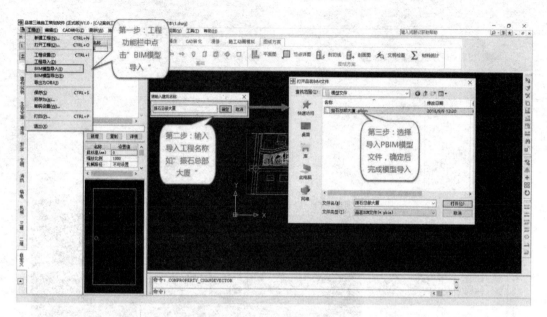

图 5-15　PBIM 模型文件导入流程

该软件支持 Revit、3DMAX 及后缀为 .obj 格式的三维模型导入。见图 5-16。

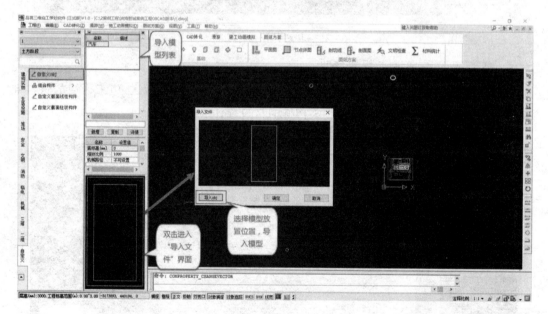

图 5-16　obj 格式模型导入流程

该软件支持 PBIM、obj 格式模型导出。obj 模型支持单构件模型/区域构件模型/整体构件模型的导出，导出的构件模型需要在三维显示状态下才能导出。见图 5-17、图 5-18。

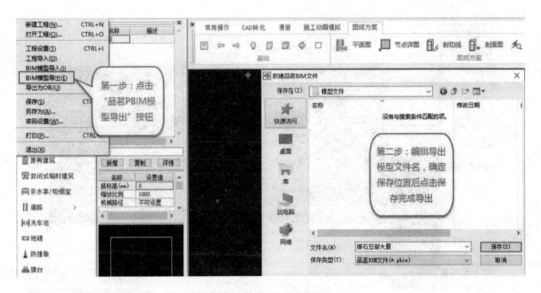

图 5-17　PBIM 模型文件导出流程

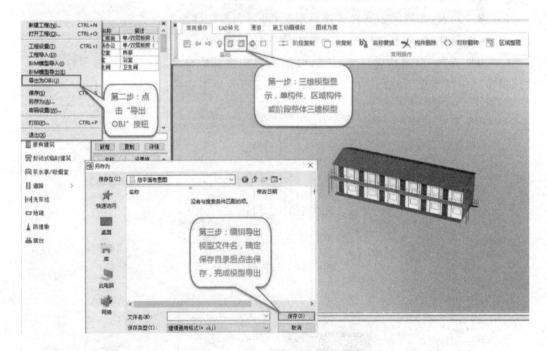

图 5-18　obj 格式模型导出流程

5.2.2　软件功能参数介绍

1. 主界面窗口功能分区。

该软件操作界面主要分如图 5-19 所示几个功能分区。

（1）分层分阶段：项目施工分为多阶段场地布置，各阶段切换选择界面。

（2）构件选择区：施工各阶段需要布置的构件，可在此处切换构件分类并选择添加设置。

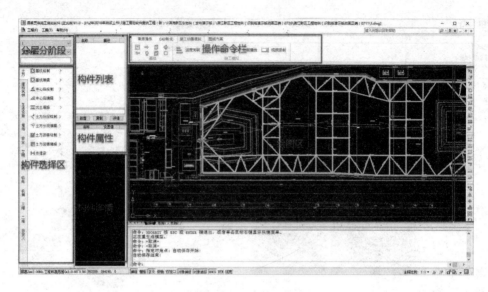

图 5-19 软件主界面

(3)构件列表：布置同一属性构件显示区，可对布置构件分类命名。

(4)构件属性：当前布置构件详细参数信息，见图 5-20。

(5)构件详情：双击构件详情区域，可切换至构件编辑窗口，对当前构件属性修改。构件编辑窗口中可实现当前构件的节点二维图和三维效果图切换。见图 5-21。

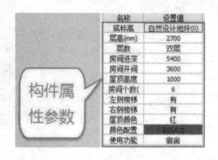

图 5-20 构件属性参数

图 5-21 二维图和三维效果图切换

(6)操作命令：本软件的操作功能按钮区。

(7)修改命令栏：模型修改及 CAD 原有快捷命令栏。

(8)绘图区：各施工阶段场地平面布置主窗口，构件选择区的构件均在此处布置。

2. 详细功能分区及参数介绍。

(1)操作命令。操作命令分为基础操作、常用操作、CAD转化、漫游、施工动画模拟、图纸方案六个功能项。见图5-22。

图5-22 操作命令功能区界面

①基础操作。基础操作是确保二维平面与三维模型自由切换的基础功能。见表5-1。

表5-1 基础操作

编号	功能名称	功能介绍
1	保存	保存当前操作
2	回退与前进	撤销与恢复当前界面操作
3	构件显示控制	控制构件是否显示;启用该命令,可实现对当前阶段构件是否显示作控制
4	三维显示	二维平面与三维效果切换;启用该命令,可实现当前分阶段的整体构架三维显示
6	动态观察	三维模式下才能启用该命令,该命令可实现三维模式下的观感角度切换
7	平面显示	三维模式下启用该命令,可回到平面显示状态

②常用操作。见表5-2。

表5-2 常用操作

编号	功能名称	功能介绍
1	阶段复制	将当前分阶段布置所有构件可选择性复制至其他施工阶段
2	块复制	将当前分阶段某一构件直接复制或复制至指定阶段或复制至指定楼层
3	名称替换(F6)	将当前构件替换成其他属性构件
4	构件删除(F4)	删除当前分阶段布置构件;该命令可实现批量删除同一属性构件;该命令仅删除当前施工阶段构件
5	对称翻转	对当前构件实现180°翻转
6	区域整理	对当前分阶段无效构件删除;该命令可整理当前分阶段布置的构件,如短小构件、重建附属构件、图形属性对应构件等

③CAD 转化。在该软件中,用户可以将拟建工程的建筑总平面图以及基坑支护设计图纸导入,通过 CAD 转化功能将图纸中的建筑用地红线、基坑边线、内支撑支护设计图等依次转化。见表 5-3。

表 5-3 CAD 转化

编号	功能名称	功能介绍
1	缩放施工图	导入的建筑施工图的图纸比例过大或者过小时,可通过"缩放施工图"功能转化成正常比例
2	周边建筑	用地红线范围外的原有建筑,可以通过"周边建筑"功能进行转化,原有建筑的轮廓线需闭合
3	拟建建筑	红线范围内,项目拟建地下室及上部结构,可以通过"拟建建筑"功能进行转化,待转化拟建建筑的轮廓线需闭合
4	围墙	通过"围墙"功能可以将项目用地红线直接转化为围墙
5	基坑开挖	可以将项目基坑边线进行转化,并能够通过构件属性实现基坑支护类型的设定
6	内支撑梁	可以直接转化待建项目基坑支护设计采用悬臂桩＋内支撑梁的支护形式
7	底图清理	将导入的建筑施工图清除;建筑施工图中的有效信息通过 CAD 转化完成后,可以把原有的底图清除

④漫游。该软件设有自由漫游和路径漫游两种方式,通过进入模型漫游可检查出施工场地布置的合理性。见表 5-4。

表 5-4 漫游

编号	功能名称	功能介绍
1	自由漫游	在三维模型状态下以人的第一视角进入模型,并手动控制行走路线、观看视角称为自由漫游
2	路径设定	为路径漫游先设定好行走路线
3	路径漫游	在施工场地范围内按照设定好的行走路线,进行三维动态观看,称为路径漫游
4	拍照	在三维模型状态下,自定视角或者以漫游视角所观察到的场次情况,可以通过拍照的形式导出具备三维效果的高清图片

⑤施工动画模拟。该软件可以通过与项目总进度计划的关联,生成整个项目施工过程的模拟动画。见表 5-5。

表 5-5 施工动画模拟

编号	功能名称	功能介绍
1	进度关联	在项目施工分阶段场地布置完成的基础上,代入本项目的施工总进度计划,与项目各施工工序及相关构件相匹配,称为进度关联。进度关联完整是出具本项目施工模拟动画的基本条件

编号	功能名称	功能介绍
2	机械路径	用于本项目的施工机械,可通过机械路径功能设定其行走路线,用于加强模拟动画视频的动态效果呈现
3	动画播放	在项目施工分阶段场地布置完成的基础上,进而完成进度关联及机械路径的布置,则可以播放项目施工过程的模拟动画
4	视频录制	该功能为内置功能,可以将设定完成的模拟动画进行录制导出成.avi格式的视频文件

⑥图纸方案。该软件成果输出区域,在施工中所需要的平面、剖面、节点详图及本工程在施工场地布置阶段的各材料用量均可输出。见表5-6。

表5-6 图纸方案

编号	功能名称	功能介绍
1	平面图	项目施工各阶段的施工总平面布置图,内置功能,可进行成果导出
2	节点详图	施工阶段中某一构件的加工详图
3	剖切线	剖面图剖切位置的确定,可以按照需要自行选择位置
4	剖面图	通过选择剖切线的位置,自动生成该区域的剖面图
5	文明检查	智能检查项目在施工各阶段过程中的布置是否符合规范以及不符合规范要求的情况下如何整改的意见一并提出
6	材料统计	对建设项目在各施工阶段所需要的材料用量作统计

(2)修改命令栏。修改命令栏分为构件编辑、CAD常用命令、PM常用编辑三个功能项。

①构件编辑。构件编辑功能栏主要用于调整布置构件,具体操作及功能介绍如表5-7所示。

表5-7 构件编辑

编号	功能名称	功能介绍
1	名称替换(F6)	将当前构件替换成其他属性构件
2	格式刷(F7)	将指定构件属性延用到其他构件,其他构件属于与指定构件一致
3	构件删除(F4)	删除当前分阶段布置构件;该命令可实现批量删除同一属性构件;该命令仅删除当前施工阶段构件
4	块复制	将当前分阶段某一构件直接复制或复制至指定阶段或复制至指定楼层
5	构件调整高度(F11)	将当前构件的标高编辑调整
6	查改标高	将当前构件的标高编辑调整
7	区域整理	对当前分阶段无效构件删除;该命令可整理当前分阶段布置的构件,如短小构件、重建附属构件、图形属性对应构件等
8	平面尺寸标注	量取当前布置构件的尺寸
9	构件搜索	检索当前布置的同一属性构件
10	清除多余构件	将当前布置多余的构件删除

②CAD常用命令。该软件保留的CAD原有基本操作。见表5-8。

表5-8　CAD常用命令

编号	功能名称	功能介绍
1	复制	将当前选中的构件复制到指定区域,当前指定构件保留
2	镜像	创建当前选中的构件的镜像副本
3	移动	将当前选中的构件移动到其他指定区域,当前指定构件不保留
4	阵列	阵列分为矩形或环形阵列,其运用是将当前选中的构件,设定排列数量后按照矩形或者环形的布置方式进行均匀排布
5	旋转	将选中的当前构件,按角度旋转,使其位置方式改变

③PM常用编辑。PM常用编辑运用在PBIM模型导入后对模型的局部和细部修改。见表5-9。

表5-9　PM常用辑编

编号	功能名称	功能介绍
1	线性构件打断	将整根混凝土梁、混凝土墙按照混凝土柱或指定部位断开
2	线性构件拉通	将独立的多根混凝土梁、混凝土墙连接成整体一根
3	面域构件分割	将整块混凝土板按照指定部位断开
4	面域构件合并	将多块混凝土板合并成单块整板
5	对称翻转	对当前构件实现180°翻转
6	线性构件变斜	通过调整混凝土梁、混凝土墙两端的标高,使当前修改的混凝土梁、混凝土墙变斜
7	面域构件变斜	通过调整单块

3. 构件布置区参数介绍

本节介绍该软件中已有项目工程各施工阶段部署所需要的设施及构件,要求熟练掌握各设施及构件的用途。

(1)地形构件参数区:将拟建项目工程的周边地形环境在本软件中识别转化成与实际地形情况一致的功能参数。见表5-10,如图5-23至图5-25。

表5-10　地形构件参数区参数

编号	功能名称	功能介绍
1	地形导入	将本项目工程的地形图导入本软件提取识别
2	地形网格	绘制通过绘制矩形,绘制本项目工程所在的面域位置
3	地形网格	设置面域的长度、宽度以及地形的显示材质及颜色
4	移动地形网格	移动绘制的地形面域
5	增加/删除高程点	增加或者删除地形面域中的高程点
6	构件布置区域	自由绘制构件布置的区域大小

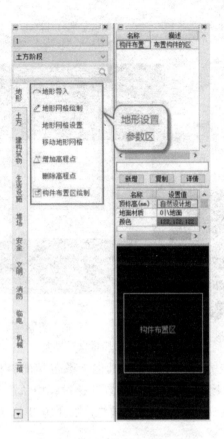

图 5-23　地形构件参数区界面

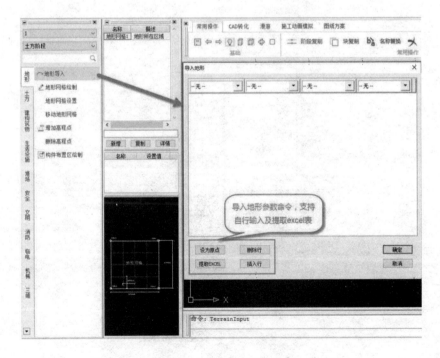

图 5-24　地形导入功能界面

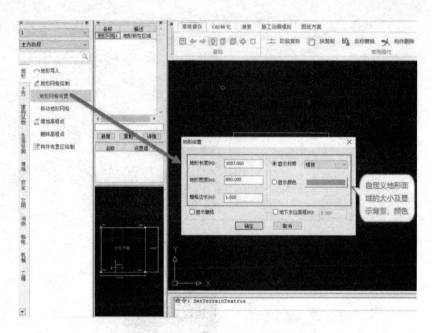

图 5-25 地形网格设置界面

（2）土方构件参数区：土方构件布置区的功能参数包括能够将建设项目工程的基坑位置转化及编辑、设计合理的土方开挖方案并布置开挖过程中所需要的土方机械以及基础施工完成后对基坑土方回填的设计。本布置区域是生成土方开挖模拟视频的重要设置部分。见图 5-26、表 5-11。

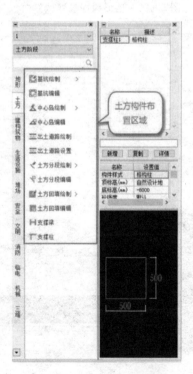

图 5-26 土方构件参数区界面

表 5-11 土方构件参数区参数

编号	参数名称	参数介绍
1	基坑绘制	自由绘制或者矩形布置基坑区域
2	基坑编辑	修改绘制的基坑区域并能够按照基坑支护设计方案自由编辑基坑的放坡位置及放坡样式
3	中心岛绘制	中心岛式挖土是一种适合于大型基坑的,以中心为支点,向四周开挖土方,且利用中心岛为支点架设支护结构的挖土方式;该软件支持自由、矩形、圆形绘制出土中心岛的形状
4	中心岛编辑	在绘制了中心岛的基础上进一步修改中心岛的形状,并且设置中心岛的放坡样
5	出土道路绘制	在基坑土方开挖设计中,设置基坑出土道路及出土的方向
6	出土道路设置	在绘制的基坑出土道路上,修改出土的方向及出土道路的分段
7	土方分段绘制	将基坑按区域分段设置,基坑土方按施工区域流水段开挖
8	土方分段编辑	设置及修改土方分层开挖规则,并修改布置的土方开挖流水段
9	土方回填绘制	在地下室完成后,绘制基坑需要回填的区域,本软件支持自由、矩形、圆形绘制
10	土方回填编辑	设置及修改土方回填的规则,并修改布置的回填区域
11	支撑梁	支撑格构柱可以自由布置也可按梁交点自动生成

(3)建构筑物参数区:涵盖了施工现场各施工分阶段所需要的布置构件。见图 5-27、表 5-12。

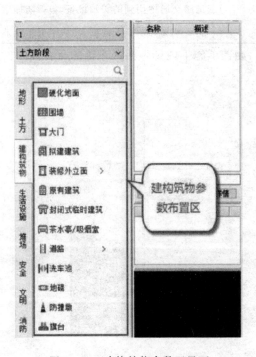

图 5-27 建构筑物参数区界面

表 5 - 12   建构筑物参数区参数

编号	构件名称	构件介绍
1	硬化地面	施工场地内外需要硬化的地面可以通过"硬化地面"参数自由绘制布置区域
2	围墙	施工区域内的围墙设置,包括施工总用地红线、生活区和施工区隔离围墙,围墙类型包括砌体围墙、彩钢瓦围挡(有柱/无柱)、围栏式围挡、木栅栏围挡
3	大门	施工现场设置临时出入大门,该软件已有的大门类型包括矩形门梁大门、无门梁大门、电动伸缩大门(左开门、右开门)、三角形梁大门、角门
4	拟建建筑	布置或转化项目工程的地下室及上部结构,按结构轮廓线手动绘制或者识别转化
5	装修外立面	设置项目工程主体结构装修外立面,支持按结构外轮廓线自由绘制及自动生成
6	原有建筑	将项目周边或改建工程中的原有建筑物按轮廓线识别转化或者自动生成
7	封闭式临时建筑	设置项目工程施工生活区中的临时活动用房,临时活动用房类型包括单/多层板房、食堂、浴室、岗亭、卫生间等
8	茶水亭/吸烟室	项目工程施工临时休息用房(茶水亭/吸烟室),休息用房类型包括敞开板房式、矩形凉亭式、六边形凉亭式
9	道路	设置项目工程的施工便道以及施工场外的道路,道路的材质类型有混凝土道路、沥青道路、碎石道路
10	洗车池	项目出入大门设置洗车池,满足文明施工的要求
11	地磅	称重设备,测量进场施工材料的重量数据方便管理材料
12	防撞墩	道路交通中用到的警示设备,包括防撞墩、防撞桶及反光锥
13	旗台	施工现场文明施工的要素,用于展示企业或项目标识

(4)生活设施参数区:涵盖了施工现场生活区布置的所有构件。见图 5 - 28。

图 5-28   生活设施参数区界面

（5）堆场参数区：项目工程各施工阶段所使用的材料不同，材料堆场设置不一，本参数布置区涵盖各类型材料的堆放，满足各施工阶段平面布置要求。见图5-29。

图5-29 堆场参数区界面

（6）安全参数区：施工现场各施工阶段平面布置所需的安全防护构件均可以在此布置，包括水平、竖向防护构件，各类安全警示牌、警示灯及工具式防护棚、加工棚等。见图5-30。

图5-30 安全参数区界面

（7）文明参数区：文明施工工地的要求越来越高，该软件可设置多样式的构件，满足施工企业、项目对现场文明施工的布置要求。见图 5-31。

图 5-31　文明参数区界面

（8）消防参数区：主要包括消防灭火器箱、消防器材集中点、消防水池、消防砂箱、消火栓箱、消防器材等设置命令。见图 5-32。

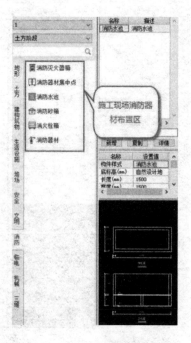

图 5-32　消防参数区界面

5.3　软件操作流程

具体操作流程为:工程设置→施工总平面布置→成果输出。

5.3.1　工程设置

工程设置流程:"新建工程"→输入"工程名称—文件名"→保存→选择"默认模板"→输入"工程信息"→设置楼层管理→分类设置施工阶段→安全性检查规则设置→设置背景(地平面、光源设置、驱动设置、构件字体)→完成。

(1)新建工程:见图5-33。

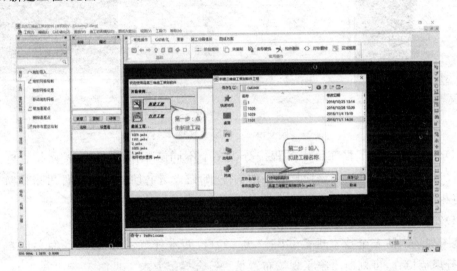

图5-33　新建工程操作

(2)工程信息:可输入该工程的概况信息。见图5-34。

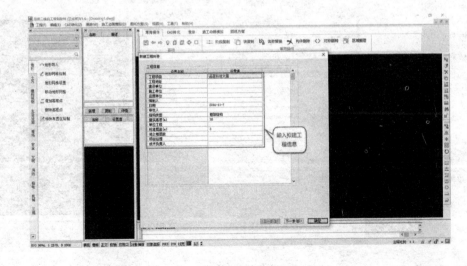

图5-34　工程信息操作

（3）楼层管理：将拟建工程的楼层标高、层高等信息输入。见图 5-35。

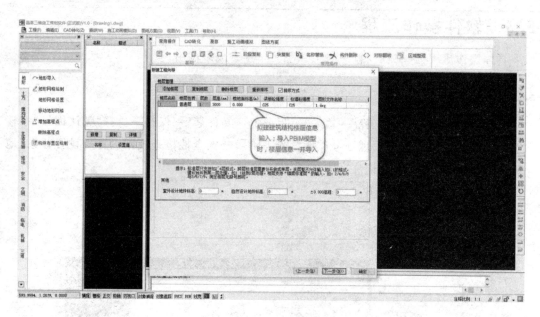

图 5-35　楼层管理操作

（4）分阶段设置：工程在施工过程中分为多个不同施工阶段，在此界面设置施工分阶段。各阶段绘制的构件均为该阶段独有的构件，如需设置各阶段相同构件可采用阶段复制命令将相同构件复制进入相应阶段。见图 5-36。

（5）安全性检查规则设置：本软件内嵌《建筑施工安全检查标准 JGJ59—2011》和《建设工程施工现场消防安全技术规范 GB50720—2011》两本规范，分阶段施工总平面布置完成后，进行规范检查，可判断出施工现场布置是否符合规范要求。见图 5-37。

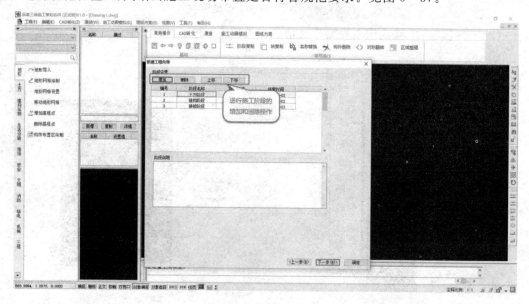

图 5-36　分阶段设置

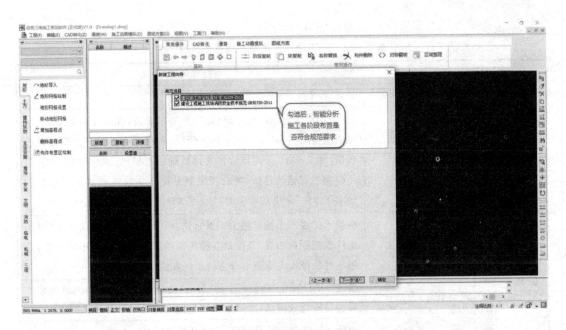

图 5-37　安全性检查规则设置

（6）背景设置：三维显示中是否有光照及阴影特效、施工阶段布置构架的名称字体样式及大小，均可在此界面设置。见图 5-38。

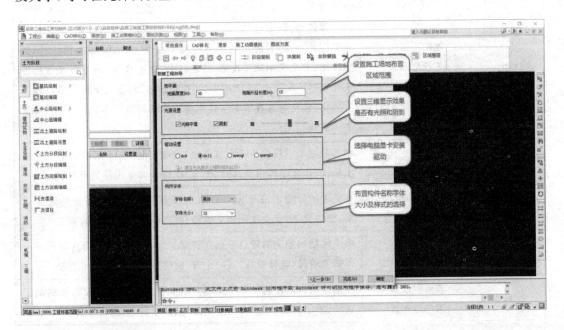

图 5-38　背景设置

5.3.2　施工总平面场地布置

本部分内容是本软件使用的重点及难点。在施工总平面布置前，需准备好拟建工程的设计建筑总图，从图中可以了解工程的基本概况——工程所在的位置、用地红线范围、周边建筑与环境等。

计算机辅助施工管理

施工总平面场地布置操作流程见表 5-13。

表 5-13　施工总平面场地布置操作流程

编号	步骤名称	操作流程
1	工程设置	见前面内容
2	图纸导入	在"工程设置"步骤完成且确定布置施工阶段(如设置基础阶段、主体结构阶段、装修阶段三个施工阶段,另建议从土方开挖阶段开始布置)的基础上,采用该软件支持运载的 CAD 版本(08/14CAD)打开拟建工程建筑总图;将总图复制粘贴至本软件或者通过本软件"CAD 转化"命令功能中的"导入 CAD 图纸"将图纸导入
3	区域布置划分	在导入的底图上进行施工平面布置,可分为两个大区域布置:总用地红线范围内布置、总用地红线范围外的周边情况与环境布置;总用地红线范围内布置可分为施工区和生活区两个区域
4	围墙转化/大门布置	通过"CAD 转化"功能栏中的"围墙"命令将导入底图中的总用地红线进行转化成围墙,布置施工场地出入大门
5	施工场地外布置	将施工场地外的道路、周边建筑及绿化等进行布置
6	生活区布置	布置临时活动用房、生活设施等构件
7	基础阶段施工场地布置	基础阶段施工区域布置,通过"CAD 转化"功能栏中的"基坑开挖"命令功能将本工程基坑区域转化(如工程基坑支护采用悬臂桩+内支撑体系,则通过"CAD 转化"功能栏中的"内支撑梁"命令功能将其转化)→布置施工场地内的施工道路、基坑临边防护栏杆、消防设施、安全文明施工设施、临水临电、施工堆场、施工机械等构件→通过"CAD 转化"功能栏中的"拟建建筑"命令功能将本项目地下室转化,转化时选择地下室建筑物轮廓线即可。本软件支持 PBIM 格式的模型文件导入
8	阶段复制	将基础施工阶段总平面布置通过"阶段复制"功能复制到下一个施工阶段(主体结构阶段),除"土方"构件外其余构件均可复制
9	主体结构阶段施工场地布置	在基础阶段施工总平面布置图上布置本施工阶段需要的施工道路、消防设施、安全文明施工设施、临水临电、施工堆场、施工
10	阶段复制	将主体结构施工阶段总平面布置通过"阶段复制"功能复制到下一个施工阶段(装修阶段),除"土方"构件外其余构件均可复制
11	装修阶段施工场地布置	在主体结构阶段施工总平面布置图上布置本施工阶段需要的施工道路、消防设施、安全文明施工设施、临水临电、施工堆场
12	模拟视频	将各阶段布置构件与施工进度计划关联,即某构件或工序的开始与结束时间关联,生成 4D 模拟动画
13	成果输出	临建材料统计、三维效果图、漫游视频、土方开挖图纸

实训题

参见附录案例,绘制某建筑类职业院校三期西教学楼工程三维施工现场布置图。

(1)训练类型:设计;

(2)训练成果:三维施工现场布置图;

(3)训练步骤:以专用机房操作为主。

工程案例

附录

1. 编制说明

1.1　编制说明

内蒙古建筑职业技术学院新校区三期工程西教学实训区教学楼、实训基地1号楼和2号楼建设项目施工二标段工程施工组织设计的相关说明如下：

编制本施工组织设计的依据主要是招标文件、招标图纸、招标答疑文件以及现场勘察。如果本公司有幸中标，将随工程正式施工图对施工组织设计进行补充和完善，进行深化和细化，编制各分部分项专项施工方案，报监理公司审批后实施。

本工程工期要求：投标工期为411日历天，计划开工日期为2017年9月15日开，竣工日期为2018年10月30日。

本工程招标文件质量要求为：我方响应招标文件的要求，确定本工程的质量标准为符合国家建设工程质量验收标准，确保工程质量达到内蒙古自治区"草原杯"标准要求。

本工程安全文明管理目标为：确保达到内蒙古自治区建筑施工"安全标准化示范工地"；杜绝重伤及死亡事故、火灾事故和人员中毒事件的发生，轻伤事故频率控制在1.5‰以内。

本工程绿色控制目标：达到内蒙古自治区"绿色施工示范工程"。

劳动力组织：选用具有劳务资质、有同类工程施工经验、在本地区创过多项优质工程并与本公司长期合作的成建制劳务施工队伍，在施工过程中要认真做好劳务管理工作，认真维护好农民工的利益，农民工工资要严格按相关的法律规定要求及时准确地发放到人。

工程各方形成一个团结、协作、高效、和谐和健康的有机整体，共同促进项目综合目标的实现。

1.2　编制依据

1.2.1　招标文件

内蒙古建筑职业技术学院新校区三期工程西教学实训区教学楼、实训基地1号楼和2号楼建设项目施工二标段招标文件

内蒙古建筑职业技术学院新校区三期工程西教学实训区教学楼、实训基地 1 号楼和 2 号楼建设项目施工二标段答疑文件

1.2.2 招标图纸

内蒙古建筑职业技术学院新校区三期工程西教学实训区教学楼、实训基地 1 号楼和 2 号楼建设项目施工二标段结构图纸

内蒙古建筑职业技术学院新校区三期工程西教学实训区教学楼、实训基地 1 号楼和 2 号楼建设项目施工二标段建筑图纸

内蒙古建筑职业技术学院新校区三期工程西教学实训区教学楼、实训基地 1 号楼和 2 号楼建设项目施工二标段设备、水暖图纸

内蒙古建筑职业技术学院新校区三期工程西教学实训区教学楼、实训基地 1 号楼和 2 号楼建设项目施工二标段电气图纸

1.2.3 国家现行规程、规范、标准

GB50202—2002《建筑地基基础工程施工质量验收规范》

GB50666—2011《混凝土结构工程施工规范》

GB50204—2015《混凝土结构工程施工质量验收规范》

GB50026—2007《工程测量规范》

GB50164—2011《混凝土质量控制标准》

GB50166—2007《火灾自动报警系统施工及验收规范》

GB/T50107—2010《混凝土强度检验评定标准》

GB50203—2011《砌体工程施工质量验收规范》

GB50345—2012《屋面工程技术规范》

GB50207—2012《屋面工程施工质量验收规范》

GB50210—2011《建筑装饰装修工程质量验收规范》

GB50209—2010《建筑地面工程施工质量验收规范》

GB50325—2010《民用建筑工程室内环境污染控制规范》

GB50300—2013《建筑工程施工质量验收统一标准》

GB50242—2002《建筑给水排水及采暖工程质量验收规范》

GB50303—2015《建筑电气工程施工质量验收规范》

GB50738—2011《通风与空调工程施工规范》

GB50243—2002《通风与空调工程施工质量验收规范》

GB50326—2006《建筑工程项目管理规范》

GB50261—2005《自动喷水灭火系统施工及验收规范》

GB/T50328—2014《建设工程文件归档整理规范》

JGJ130—2011《建筑施工扣件式钢管脚手架安全技术规范》

JGJ8—2007《建筑变形测量规程》

JGJ107—2010《钢筋机械连接通用技术规程》

JGJ18—2012《钢筋焊接及验收规程》

JGJ10—2011《混凝土泵送施工规程》

JGJ104—2011《建筑工程冬期施工规程》

JGJ59—2011《建筑施工安全检查标准》

JGJ80—2011《建筑施工高处作业安全技术规程》

JGJ33—2012《建筑机械使用安全技术规程》

GB 5144—2006《塔式起重机安全规程》

GB50119—2013《混凝土外加剂应用技术规程》

JGJ/T98—2010《砌筑砂浆配合比设计规程》

1.2.4　其他依据

内蒙古自治区有关建设和环境、安全方面的法律、法规

内蒙古自治区工程资料管理规程

现场和周边环境的实地踏勘情况

2. 工程概况

2.1　总体概况

工程名称：内蒙古建筑职业技术学院新校区三期工程西教学实训区教学楼、实训基地1号楼和2号楼建设项目施工二标段。

工程地址：内蒙古建筑职业技术学院新校区内。

招标人：内蒙古建筑职业技术学院。

计划工期：411 日历天。

质量目标：符合国家建设工程质量验收标准。

2.2　建筑设计概况

本工程建筑主要功能为教学、实训，总建筑面积 19236.37 平方米。地上五层，局部一层、二层、四层，建筑高度为 20.35 米。设计使用年限 50 年，耐火等级为二级。

楼地面工程：现浇水磨石楼地面、花岗石楼地面、地砖楼地面及防静电楼面；

墙面：一般抹灰墙面、乳胶漆墙面、釉面砖防水墙面、吸声墙面、干挂石材墙面；

顶棚：一般抹灰顶棚、乳胶漆顶棚、铝合金板、纸面石膏板、矿棉板、吸声板、保温顶棚；

门窗工程：防火门窗、铝合金门窗；

保温：挤塑聚苯板保温、岩棉板保温、超细无机纤维保温；

外墙装修：石材、真石漆、玻璃幕墙；

防水：自粘聚合物改性沥青防水卷材（聚酯胎）、聚氨酯防水涂膜。

2.3 结构设计概况

结构类型：框架结构；

基础类型：独立基础；

混凝土强度等级：基础至屋顶主体结构为 C30；构造柱、圈梁、腰带、过梁为 C25；

钢筋接头主要类型：直径大于等于 18mm 采用机械连接，小于等于 18mm 可搭接。

2.4 安装工程概况

2.4.1 给排水、暖通工程概况

给水系统：给水系统的水源、水压均由三期后勤楼给水加压设备站提供，三期工程室外给水管网的供水压力为 0.30MPa。水质符合现行生活饮用水卫生标准的要求；中水系统的水源、水压均由二期已建成的中水处理厂提供。三期工程室外中水管网的供水压力为 0.30MPa，中水水质完全符合国家现行标准、规定的要求。

雨水系统：屋面雨水经雨水斗收集后汇合或单独排入立管，再排出室外。雨水系统管道采用内、外壁热镀锌钢管，焊接连接。雨水斗采用 87 型雨水斗（规格为 DN100）。

消防工程：本建筑消防总用水量为 55L/s。其中室内 15L/S（临时高压），室外 40L/S（室外消火栓见外线设计），火灾延续时间为 2h。消防系统入口处的水压为 0.55MPa，实验压力为 1.4MPa。消防水量、水压均由本校区三期后勤楼内地下室中的有效储水容积为 800m³ 的消防水池及消防泵房内的消火栓加压泵提供。消火栓箱采用带消防软管卷盘组合式消防柜，箱内配置均为：SN65mm 栓口一个、φ19mm 水枪及消防按钮一套。消火栓系统选用热镀锌钢管，管径小于等于 DN50 时螺纹连接，大于等于 DN50 管为沟槽连接件连接。

采暖工程：本工程为下供下回热水机械循环散热器供暖系统，系统均为同程式、24h 连续供暖，热源为本校园二期换热站。室内系统的定压、补水问题均在二期换热站内解决，室内系统的排气问题由每趟立管顶部的 ZPII 型热水自动排气阀解决。本工程采暖系统竖向未分区，横向按片分设两个采暖系统，每一系统均在室外地沟入口处总计量，做法见 12N1－13。室内未设置分户计量装置。室内每户散热器支管均设两通恒温阀，用以自动控制室温，同时，手动调节散热器支管上的闸阀也能控制室温。

通风、防排烟工程：楼梯间均为封闭楼梯间，符合天然采光、自然通风条件。无外窗房间、走廊里任一点距可开启外窗的排烟距离小于 30 米的走道，均采用自然排烟，可开启外窗面积之和均大于走廊地面与无外窗房间面积之和的 2%。长度大于 60 米的内走道、走廊里任一点距可开启外窗的排烟距离大于 30 米的走道，均设置机械排烟设施。

2.4.2 电气工程概况

负荷等级：本工程供电等级为二级，楼内消防设备电源、安防电源、消防控制室电源、卷帘门电源、网络机房用电。排烟风机、及走廊应急疏散照明电源等为二级负荷，采用两路电源供电，末端设互投电源装置，其余负荷均为三级负荷。

本建筑物按二类防雷设防，建筑屋顶设 $\phi10$ 热镀锌避雷带，避雷网格不大于 10×10 米或 12×8 米。突出屋面的所有金属构件均应采用 $\phi10$ 圆钢就近与避雷网焊接，屋面上的避雷带与屋面的金属架可靠焊接。金属架并与做防雷引下线的柱内主筋焊接。利用建筑物结构柱内两根主钢筋（大于 $\phi16$）作为引下线（引下线间距不大于 $18m$）。

本工程采用联合接地方式，由于结构形式达不到做自然接地体，因此采用人工接地体。水平人工接地体采用 40×4 热镀锌扁钢与基础柱钢筋可靠焊接，形成可靠接地网。构件之间必须连接成电气通路。室外接地凡焊接处均应刷沥青作防腐处理。

2.5 工程承包范围

施工图纸范围内的土建、装修、弱电预埋、强电、消防、通风空调、给排水、电气、采暖工程等，具体内容以工程量清单为准。

3. 工程目标

3.1 项目管理目标

3.1.1 质量目标

全面响应招标文件要求，质量符合国家建设工程质量验收标准。

3.1.2 工期目标

全面响应招标文件要求。在接到招标文件后，结合本工程特点、重点和难点进行了施工组织设计的详细编制，对施工组织进行了详细部署和安排，在确保施工质量目标的前提下，对工期提出了如下目标：

总工期目标：411 日历天，计划开工日期为 2017 年 9 月 15 日开，竣工日期为 2018 年 10 月 30 日。

阶段性工期目标如下：

工程开工——2017 年 9 月 15 日；

基础完成——2017 年 10 月 17 日；

主体结构封顶——2017 年 11 月 16 日；

室内初装修——2018 年 6 月 29 日；

室内精装修——2018 年 8 月 28 日；

室外装修——2018 年 9 月 15 日；

安装工程——2018 年 9 月 27 日；

工程竣工——2018 年 10 月 30 日。

3.1.3　安全和文明施工目标

全面响应招标文件要求,符合国家工程安全标准,确保达到内蒙古自治区建筑施工"安全标准化示范工地"要求。我公司将采取切实可行的措施和充足的安全投入,通过严密的安全管理和有效的控制,杜绝重伤及死亡事故、火灾事故和人员中毒事件的发生,轻伤事故频率控制在 1.5‰以内。

严格遵守国家和当地政府关于建筑工程施工的各项管理规定,加强施工组织和现场安全文明施工管理。

确保获得内蒙古自治区建筑施工"安全标准化示范工地"称号。

3.2　工程创优目标

3.2.1　质量创优目标

确保达到内蒙古自治区"草原杯"标准要求。

严格执行各项创优措施,在施工过程中,本工程单位工程所含分部(子分部)工程质量验收达到自治区优良标准;质量控制资料确保真实完整;所含分部工程有关安全和功能的检测资料确保齐全;单位工程观感质量符合相关规范要求。

3.2.2　安全文明创优目标

确保到达内蒙古自治区建筑施工"安全标准化示范工地"。

本工程在施工过程中,确保杜绝重大危害环境事件,杜绝重大伤亡事故和重大设备事故,实现"五无"(即无重伤、无死亡、无倒塌、无中毒、无火灾),杜绝重大刑事案件。减少一般事故,轻伤事故频率控制在 1.5‰以内。职工身体健康,杜绝重大疫情或流行病发生。

4.　施工准备

4.1　项目组织机构及职责

4.1.1　项目组织机构

为保证工程顺利施工,公司拟选派具有类似工程施工管理经验的项目管理人员组成高效精干的项目经理部,以工程质量和进度为核心,实施"过程精品"管理,以专业管理和计算机管理相结合的管理手段,对工程项目进行全过程、全方位的计划、组织、管理、协调与控制,高效率地实现工程项目综合目标,实现对业主的承诺。

成立以公司为主,以项目经理为第一责任人的项目组织机构,由生产经理、总工程师、专业责任工程师、各分包队伍等各方面人员组成组织机构体系。建立健全项目施工管理制度,明确各级职责,检查督促各级、各部门切实落实项目施工责任制;组织全体职工的职业教育培训工作;每周定期召开项目工程例会,发现问题,及时解决。

4.1.2 管理职责

1. 项目经理

(1)是项目经理部全面工作的领导者与组织者;

(2)参与建设单位的合同谈判,并认真履行与建设单位签订的合同;

(3)做好与建设单位、监理公司的协调工作;

(4)领导编制项目质量目标与工期计划,建立健全各项管理制度;

(5)指导商务经理做好合同管理工作;

(6)是项目安全生产的第一责任者;

(7)参与制造成本的编制,加强项目的成本的管理与控制。

2. 项目总工程师

(1)编制实施《项目质量计划》,贯彻执行国家技术政策,协助项目经理主抓技术、质量、物资管理工作;

(2)主持编制项目施工组织设计及重要施工方案、技术措施;

(3)主持图纸内部会审,施工组织设计交底及重点技术措施交底;

(4)领导项目新技术、新材料、新工艺的推广应用工作;

(5)组织安排技术培训工作,保证项目工程按设计规范及施工方案要求施工;

(6)领导和落实施工过程质量控制;

(7)负责土建、安装的技术协调工作;

(8)领导工程材料鉴定,测量复核及工程资料的管理工作;

(9)保持与建设单位、设计单位及监理之间密切联系与协调工作,并取得对方的认可,确保设计工作能满足连续施工的要求;

(10)领导项目计量设备管理工作;

(11)负责项目质量保证体系的运行管理工作;

(12)主管项目技术组、质量组、物资组的工作。

3. 生产经理

(1)生产经理是施工生产的指挥者,领导项目安全生产工作,对各分项、分部的施工生产负领导责任;

(2)建立健全各项生产管理制度;

（3）领导编制项目总工期控制进度计划,年、季、月度计划,并对执行情况进行监督与检查;

（4）主抓施工管理工作,做好生产要素的综合平衡工作以及机电安装工程交叉作业综合平衡工作,以确保合同工期如期实现;

（5）严格执行项目质量计划及质量验收程序,保证施工质量及项目质量目标的实现;

（6）组织配合工程各阶段的验收及竣工验收工作;

（7）参与质量事故的调查,并提出处理意见;

（8）严格执行安全文明管理办法及奖罚制度,确保安全生产及文明施工;

（9）组织做好生产系统信息反馈及各项工作记录;

（10）领导做好现场机械设备的管理工作,负责对公司内部专业公司的机械调配工作;

（11）领导组织开展 QC 小组活动,并组织编写项目工程施工总结工作;

（12）主管施工组、安全组。

4. 机电经理

（1）负责领导项目安装生产管理工作;

（2）负责机电安装专业队伍考核工作;

（3）根据项目总工期控制计划,领导编制机电安装专业配合计划,并对执行情况进行监督与检查;

（4）保持与建设单位、设计单位及监理之间密切联系与协调工作,并取得对方的认可,确保设计工作能满足连续施工的要求;

（5）领导编制机电安装专业施工方案,牵头协调解决机电安装专业技术问题;

（6）对机电安装专业施工质量负领导责任;

（7）严格执行项目质量计划及质量验收程序,保证机电安装施工质量及项目质量目标的实现;

（8）负责机电安装专业材料计划的审定;

（9）参与工程各阶段的验收工作,具体负责质量事故的调查,并提出处理意见;

（10）严格执行安全文明管理办法及奖罚制度,确保安全生产及文明施工;

（11）组织做好机电安装专业施工信息反馈及各项工作记录;

（12）主管项目机电组工作。

5. 商务经理

（1）贯彻执行公司质量方针和项目规划,熟悉合同中甲方对产品的质量要求,并传达至项目相关职能部门;

（2）负责组织项目人员对项目合同学习和交底工作;

（3）具体领导项目各类经济合同的起草、确定、评审;

（4）负责项目经营报价、进度款结算及工程结算,负责编制对甲方的清款单、专业队伍的结算单;

（5）负责专业施工队伍、材料供应商的报价审核;

（6）负责项目的成本管理工作;

(7)负责组织编制和办理工程款结算等工作；

(8)主管项目商务组工作。

6. 施工组

(1)按照施工组织设计的总体要求对本工程进行施工管理，严格遵守各项操作规程、施工验收规范及有关标准；

(2)按照国家有关规定对现场进行有关安全文明施工管理；

(3)负责组织大、中、小型施工机械设备进出厂协调管理，监督维修和保养等后援保证工作；

(4)负责编制工程总控计划、月度计划、周计划及统计工作，控制各专业施工单位的施工进度安排；

(5)负责施工质量过程控制管理、检验和试验状态管理；

(6)负责对工程质量及安全事故进行调查，并向现场经理及主任工程师提交调查结果和分析，根据处理方案监督责任单位的整改情况；

(7)及时配合其他职能部门的工作，提供可靠的工程信息资料；

(8)负责材料用量的过程控制工作；

(9)负责分项工程施工生产的管理与协调，严格按照施工组织设计组织施工；

(10)负责向专业施工队伍进行技术交底，审核专业施工班组的交底，且各项交底必须以书面形式进行，手续齐全；

(11)参与技术方案的编制，加强预控和过程中的质量控制把关，严格按照项目质量计划和质量评定标准、国家规范进行监督、检查；

(12)对工程进展情况实施动态管理、分析预测可能影响工程进度的质量、安全隐患，提出预防措施或纠正意见；

(13)协助安全部门对现场人员定期进行安全教育，并随时对现场的安全设施及防护进行检查，加强现场文明施工的管理；

(14)协助物资部对进场材料的构配件的检查、验收、保护及过程材料用量的控制工作。

7. 安全组

(1)贯彻安全生产法规标准，组织实施检查，督促各分包的月、周、日安全活动，并落实记录实施情况；

(2)执行安全生产的有关法规制度，结合工程特点制订安全活动计划，做好安全宣传工作；

(3)参与工程施工组织设计、图纸会审工作；

(4)负责现场安全保护、文明施工的预控管理；

(5)进行安全教育和特殊工种的培训，检查持证上岗，并办理入场证件；

(6)定期组织现场综合考评工作，填报汇集上级发放各类表格，并负责对综合考评结果的奖罚执行；

(7)做好安全生产方面的内业资料及本部门的各种台账；

(8)对安全隐患下达整改通知单并进行复查；

(9)负责现场动火证的办理工作。

8. 质量组

(1)贯彻国家及地方的有关工程施工规范、工艺标准、质量标准;

(2)严格执行质量检验评定标准,行使质量否决权。确保项目总体质量目标和阶段质量目标的实现;

(3)编制项目《过程检验计划》,加强施工预控能力和过程中的检查,使质量问题消除在萌芽之中;

(4)负责分解质量目标,制订《质量创优实施计划》,并监督实施情况;

(5)监督"三检制"、"样板制"的落实,参与分部分项工程的质量评定和验收,同时进行标识管理;

(6)不合格品控制及检验状态管理;

(7)组织、召集各阶段的质量验收工作,并做好资料申报填写工作;

(8)参与质量事故的调查、分析、处理,并跟踪检查,直至达到要求;

(9)按照 ISO9001 标准进行质量记录文件的记录、收集、整理和管理。

9. 技术组

(1)编制施工组织设计、专项施工方案及季节性施工措施及并负责实施的监督工作;

(2)施工试验管理及时到位;

(3)组织施工方案和重要部位施工的技术交底;

(4)负责施工技术保证资料的汇总及管理;

(5)对本工程所使用的新技术、新工艺、新材料、新设备与研究成果推广应用;编制推广应用计划和推广措施方案,并及时总结改进;

(6)负责编制工程质量计划;

(7)负责日常施工过程中技术问题的处理;

(8)负责计算机推广应用工作;

(9)负责计量器具的台账管理,进行标识、审核;

(10)负责各类工程图纸管理,以及各专业深化设计图纸管理;

(11)负责组织各类施工图纸的会审和交底;

(12)在专家顾问组的指导,负责协调自行承包范围工程深化设计;

(13)负责业主指定分包工程深化设计的全面协调管理工作,保证各专业的同步与交圈,组织专业设计交底。

10. 物资组

(1)负责技术部提出的材料计划接收、传递;

(2)掌握工期进度和主要材料的进场时间及需用量,督促公司物资部门及时供应;

(3)材料进场验证,保证验证计量器具有效;

(4)材料进场按现场阶段平面布置一次到位,按规格要求堆码整齐标识;

(5)负责料具的保管、限额发放、耗用、核算工作;

(6)负责现场急需物资采购。

11. 商务组

(1)负责编制工程概算、成本预测、成本控制、结算工作,保证工程收支平衡;

(2)参与投标报价与合同签订工作;

(3)办理预算外签证,变更设计的经济核算;

(4)定期盘点,协助做内部成本核算;

(5)协调项目部内部各专业分包施工,为上级领导部门提供各类经济信息;

(6)有效控制成本费用的开支,做好成本分析;

(7)建立、健全各类台账、报表等内业资料管理;

(8)合同管理。

12. 办公室

(1)负责项目、方针目标管理、现场 CI 管理、文件管理、人事劳资、保卫管理、人员培训,对外事务公关;

(2)协助项目经理工作,具体负责项目文函、人事、劳资、办公、固定资产、对外公关宣传等行政事务;

(3)具体负责人事用工和劳资分配制度的编制工作并负责日常管理工作;

(4)在合约部协助下,具体建立负责项目经理部固定资产的采购、登记造册和日常管理工作;

(5)负责项目经理部办公制度的编制和日常管理,负责办公用品的采购发放,交通车辆管理,文件传递和存档等;

(6)负责项目声像资料的整理归档。

4.1.3 公司总部与现场组织机构的关系及授权范围

1. 公司总部与现场组织机构的关系

现场组织管理机构即项目经理部,由公司总部在尊重业主方要求的前提下,针对工程的规模、特点等具体情况抽调适当人选组成,派驻施工现场,专门负责本工程的施工组织和实施。公司在组建项目经理部时除注重执业资格和具备同类工程施工管理经历和业绩外,还注重主要管理人员的特长与工程的特点相适应。

项目经理部由公司总部直接领导,不是独立的实体单位,也不同于分公司,而是根据公司授权代表公司总部组织工程的实施。每一个项目经理部都是针对一个特定的工程成立,当完成全部合约内容后便宣告解体,其人员重新归由公司统一调配。

项目经理部实行项目经理负责制,不搞承包制。本公司有一整套包括工期、质量、安全等指标在内的绩效考核制度和激励制度,对项目经理和项目经理部其他成员进行动态考核,不胜任或不合格人员随时进行撤换。

项目经理部在授权范围内代表公司履行合约,公司对项目经理部的一切行为负全面责任。我公司在项目的管理方面积累了丰富的实践经验,公司对项目的管理方式精辟地概括为如下四句话:"总部服务控制,项目授权管理,专业施工保障,社会协力合作"。

2. 公司总部对现场组织机构的授权范围

(1)授权项目经理同业主、专业承包商等签署与工程有关合约;

(2)授权项目经理负责组建现场组织机构(主要管理人员如总工程师、生产经理、机电经理、商务经理等须经公司总部批准)并对组织机构内其他成员拥有重新分工和任免的权力;

(3)授权项目经理对项目经理部内部人员进行绩效考核;

(4)授权项目经理部在公司认可并在公司备案的社会协作公司中选择劳务队伍并负责谈判、签约及管理工作;

(5)授权项目经理部自行租赁(非购买)大型施工机械设备,但使用前须经公司安全部门验收并认可后使用;

(6)授权项目经理部在公司合格分供方范围内选择物资供应商及签约,公司合格分供方数据库未包括的物资可由项目自行采购并在公司物资部备案;

(7)授权项目经理部在保障与甲方合同工期的前提下对施工过程的进度以及相关计划进行管理;

(8)授权项目经理部采取各种可行的技术或管理措施达到合同规定的质量目标;

(9)授权项目经理部办理工程有关合同变更、设计变更/洽商、工程款回收等事宜;

(10)授权项目经理部合理支配对劳务队伍等范围内单位的工程款支付比例,但必须经公司有关部门批准并由公司统一支付;

(11)授权项目经理部组织工程各项验收工作(须公司组织的除外);

(12)授权项目经理部制定施工组织设计和施工方案或技术措施和进行施工详图的深化设计,总体施工组织设计以及公司规定的其它特殊方案必须经公司有关部门审批;

(13)授权项目经理部就工程具体事宜同业主、设计、监理或专业承包商和供应商进行协调并处理相关事宜。

4.2 主要施工部署

4.2.1 施工流水段划分

根据工期要求、工作面要求、工作量平衡等原则。结构施工时,按各区段进行平行施工考虑。根据区段布置,分为Ⅰ、Ⅱ两个施工区。每个施工区各分为2个施工段进行流水施工,具体流水施工如下:Ⅰ-1→Ⅰ-2,Ⅱ-1→Ⅱ-2进行流水施工。

安装工程包括给排水、强电、弱电、暖通、消防等设备、管线安装,施工段主要划分为两大部分,即预留预埋和安装。预留预埋紧随主体结构施工,各项安装工作按照主体结构各阶段的完成情况协同二次结构、内装饰穿插施工。

在确保工期如期完工的前提下尽量提前完工的目标,工程施工过程中要求各工种应对施工进度密切配合,做好预埋、预留工作,并在装饰工程前做好水、电、设备等安装工程,同时土建工程应为各安装工程创造良好的工作面,做到协调统一、目标一致。

4.2.2 专业施工流程

1. 土建施工流程

基槽清理、钎探→基础结构→土方回填→主体结构→墙体砌筑→屋面工程→门窗工程→外墙装饰、内墙装饰、楼地面→竣工验收。

(1)主体结构施工顺序。

放线→墙柱钢筋绑扎→墙柱支模→墙柱混凝土浇筑→梁板支模→梁板钢筋绑扎→梁板混凝土浇灌→上一层结构施工。

(2)屋面施工顺序。

屋面结构自防水→屋面找坡→保温隔热层→屋面找平层→防水层→防水保护层→面层。

(3)一般内装饰施工顺序。

门窗框安装→墙面(顶棚)抹灰→地面工程→门窗扇安装→油漆、涂料、玻璃。

2. 电气动力、照明专业施工流程

施工准备→暗管预埋→接线盒、开关盒安装→电缆桥架安装→配电箱(柜)安装→电缆敷设→管内穿线→绝缘测试→插座、开关灯具安装→系统调试→授电及试电。

3. 给排水、消防给水专业施工流程

施工准备→预留孔洞→预制加工→立、支管安装→管道试压→管道防腐和保温→卫生洁具、自喷淋设备安装→管道冲洗。

4. 通风专业施工流程

施工准备→预留孔洞→风管预制加工→风管安装→风机安装→系统调试。

4.2.3 主要施工方法选择

钢筋连接:采用滚轧直螺纹连接技术。

模板体系:结构柱、梁、板的模板均采用覆膜多层板、木龙骨,支撑采用碗扣式脚手架,顶板模板设早拆体系;顶板模板配置二层周转使用。

后浇带模板为独立支模系统,待后浇带混凝土浇筑后按要求再行拆除。

混凝土工程:本工程混凝土全部采用泵送预拌混凝土,采用混凝土汽车泵泵送、布料浇筑。本工程混凝土除需满足普通混凝土的一般要求外,还要满足部分低碱混凝土、抗渗混凝土、特殊性能的需要。为此,本公司可利用一级试验室的试配成果及多年成功的经验,对预拌混凝土工厂提出技术性要求,满足工程需要。

外脚手架:结构施工采用双排落地脚手架;外墙装修施工采用吊篮。

4.2.4 工程进度计划安排

组织协调好各土建、水电、暖通、安装等各工种的关系,各工种无条件服从施工总进度计划安排,做好充分的能满足连续施工需要的一切准备工作,以关键线路为指导,协调好土建、安装配合工作,抢工期、保安全、创优质,科学配备充分的机具、优秀的劳务团队,以施工进度计划为指导,加强管理和落实。

4.3 资源部署

4.3.1 人员部署

本公司拟派持有国家一级建造师证的优秀管理者担任此工程的项目经理。各个工种设置专业管理人员进行责任管理,有序组建各个劳务队伍和专业分包队伍,为工程项目最终实现工期目标、质量目标提供专业化施工管理保证。对劳务队伍和分包队伍的管理,由专人进行协调管理,严格控制分包工程施工进度。

本工程将按施工区划分以及每个流水段配备独立劳务施工队。每个区段分设项目工长,负责本施工区内的施工管理工作。根据工程各阶段施工配置劳动力,并根据施工生产情况及时调配相应专业劳动力,对劳动力实行动态管理。

4.3.2 劳动力配备计划说明

本工程劳动力配备计划是根据提供的设计图纸、有关的预算定额、劳动定额和总进度计划编制的,主要反映工程所需各种技工、普工人数,它是项目部控制劳动力平衡、调配的主要依据。

为了确保本工程施工总进度计划目标的实现,达到保障施工进度和施工劳动力投入的需要,劳动力的投入按阶段配备,重点控制主体工程、装饰工程的劳力配备。主体结构施工着重安排模板工、钢筋工和混凝土工的劳动力;装饰工程首先要调配抹灰工、油工和其它专业班组的组织。

安装工程在主体施工和抹灰施工时配合土建工程的工期安排,随着土建的速度和工作量的增减安装分包单位应在总包的统一管理协调下及时调动配备施工人员,做到不影响土建工期。

为了确保主体工期,本工程必须能在模板施工中满足墙体、柱、楼梯、梁板各工序同时施工的人员分配。

劳动力计划见表 6-1。

表 6-1 劳动力计划表   单位:人

工种	按工程施工阶段投入劳动力情况							
	施工准备阶段	基础结构施工阶段	主体结构施工工阶段	砌体施工阶段	初装修施工阶段	安装施工阶段	系统调试阶段	竣工验收阶段
测量工	4	8	8	6	6	6	0	0
试验工	1	2	2	2	2	2	0	0
木工	5	40	60	30	15	6	0	0
钢筋工	8	45	60	15	10	5	0	0
砼工	10	30	30	20	20	6	0	0

工种	按工程施工阶段投入劳动力情况							
	施工准备阶段	基础结构施工阶段	主体结构施工阶段	砌体施工阶段	初装修施工阶段	安装施工阶段	系统调试阶段	竣工验收阶段
防水工	0	0	10	10	20	8	0	0
瓦工	10	15	15	50	30	18	0	0
抹灰工	10	5	5	20	50	20	0	0
保温工	0	0	0	0	30	20	0	0
石材工	0	0	0	0	40	0	0	0
架子工	5	10	20	15	15	0	0	0
门窗工	0	0	5	20	30	15	0	0
机施工	4	6	8	8	6	6	0	0
油工	4	0	0	0	40	20	0	0
焊工	2	4	8	8	8	8	0	0
电工	8	30	30	45	30	45	15	15
水工	8	15	20	30	30	60	15	15
普工	10	35	40	40	30	45	15	15

4.3.2　施工机械设备部署

垂直运输机械:本工程基础施工阶段现场布置2台QTZ5610型塔吊,臂长为56m,以解决垂直运输需要。

混凝土输送泵选择:现场布置2台汽车泵进行混凝土施工,以满足混凝土浇筑的需要。

物料提升机:本工程二次结构及初装修期间材料需解决运输问题,因此共布置4台物料提升机,以满足现场施工要求。

现场砂浆采用预拌砂浆。

4.3.3　主要周转材料投入和组织计划

严格按照合同及各项文件要求选择工程所需材料。合理配备各种施工物资、材料等,以保证顺利进行。

专业供应商、专业分包商应严格按照经我方审查认可的物资进场计划执行。

4.3.4　资金组织

本公司连续多年获得多家国有银行AAA级资信,授信高,中标后我公司将专门为本工程准备启动资金,以便在中标后立即购买材料进场施工。为了保证本工程施工的顺利,工程项目设立专门项账户,确保工程款专款专用,确保本工程顺利实施。

4.4 工程施工准备

4.4.1 技术准备

组织各部门有关人员认真学习施工图纸,领会设计意图,组织图纸会审。掌握工程建筑和结构的型式和特点,复核各主要尺寸及需要采用的新技术,同时审查建筑设备及加工定货有何特殊要求,对设计中的不详之处及疑难点,及早提出并解决,积极主动与甲方、监理、设计单位沟通,把设计及甲方的变更意图,在施工之前得以明确体现,指导施工。

提前编制工程施工组织设计并进行交底。针对特殊部位、施工难点部位(屋面工程、钢筋连接、石材幕墙工程等)的施工方法现场专门成立 QC 小组,先研讨论证,制订切实可行的施工方案、特殊作业指导书等,逐级进行技术交底,指导施工。

组织所有技术人员认真学习新规范、新规程、积极推广应用建设部推广的十大新技术,积极学习,吸收国内外先进施工经验,充分利用已有先进的技术,提高该工程施工的科技含量。认真学习监理规程,积极配合好监理单位的工作,保证各项工作顺利进行。

进行成本控制,制订供料计划,编制施工图预算和施工预算。

采用项目法施工,结构施工采用均衡小流水的施工方法,合理安排工序的搭接,采用项目管理电脑软件系统,对施工进度计划进行网络优化,积极作好各项技术保障,在保证各项工程质量的前提下,做到结构、装修交叉施工立体作业,做好实际控制。

对于所选用的钢筋、水泥、砼、粘结材料、防水材料等作好复试和试验工作,同时做好各项见证试验,编制试验计划。对提供商品混凝土的生产厂商的生产能力、混凝土质量状况、运输能力以及生产厂至工地的道路情况进行综合考察,选定合格的供应方,并提前提出混凝土及原材料的各项技术要求。

运用钢筋放样软件及早进行钢筋放样和预加工,使有加工的工作走在施工的前面,同时考虑钢筋的搭接、直螺纹连接等,做好技术方案,为正常施工提供有力的技术保障。

提前对各种仪器设备进行检查,未检定或超过检定周期的重新检定。

本工程成立 QC 小组,组织各专业专家,进行质量通病的防治、施工方案的制订、技术攻关、技术质量监控。

4.4.2 施工现场准备

本公司在接到中标通知书后,将立即着手进场和开工准备工作,以保证合同一旦签订,能具备随时进场和开工条件。

根据建筑总平面图要求,进行施工现场控制网测量,设置场区永久性控制测量标桩。

确保施工现场水通、电通、道路畅通、通讯畅通;按照消防要求,设置足够数量的消火栓。

按照施工平面布置图建造各项施工临时设施以及临水、临电布置。

根据施工组织方案组织施工机械、设备和工具和材料进场,按照指定地点和方式存放。并应进行相应的保养和试运转工作。

建筑材料进场之后,应进行各项材料的试验、检验。

4.5 施工现场平面布置

4.5.1 平面布置原则

本工程场地现状:本工程位于内蒙古建筑职业技术学院新校区内。

根据本工程的特点,现场平面布置应充分考虑各种环境因素及施工需要,布置施工现场时应遵循以下原则:

现场平面随着工程施工进度进行布置和安排,各阶段平面布置要与该时期的施工重点相适应。

平面布置应充分考虑好施工机械设备、办公、道路、现场出入口、临时堆放场地等进行优化合理布置。

施工临时材料堆放应尽量设在垂直运输机械覆盖的范围内,避免发生二次搬运。

中小型机械的布置,要处于安全环境中,要避开高空物体打击的范围。

临电电源、电缆线敷设要避开人员流量大的楼梯及安全出口,以及容易被坠落物体打击的范围,电缆线尽量采用暗敷方式。

本工程应着重加强现场安全管理力度,严格按照本公司的《项目安全管理手册》的要求进行管理。

本工程要重点加强环境保护和文明施工管理的力度,使工程现场处于整洁、卫生、有序合理的状态,使该工程在环保、节能等方面成为一个名符其实的绿色建筑。

控制粉尘设施排污、废弃物处理及噪声设施的布置。

设置便于大型运输车辆通行的现场环型道路并保证其通畅。

4.5.2 施工现场平面布置

1. 土方施工阶段现场平面布置

现场进出大门主要有1个,设置现场的北侧,临近道路,现场根据施工阶段的不同,设置环形临时道路。出土车辆也主要从大门进出。

2. 结构施工阶段现场平面布置

(1)汽车泵:现场在西北角和东北角各布置1台汽车泵,用于混凝土垂直运输。

(2)加工堆放场地:为便于施工,尽可能在每个施工区域内布置相关加工场地,因此要做到合理规划、严格管理。场地布置原则为就近布置,每台塔吊起重臂覆盖范围都有材料加工场和堆场。

本工程场地较大,所以加工场地在现场根据楼座设置。部分位于塔吊范围外的加工构件加工好之后,运输到垂直运输机械附近,根据进度随时运输。每台塔吊附近设少量钢筋、模板堆放场地。

本阶段现场平面布置详见图6-1的主体结构施工现场平面布置图。

施工现场平面布置图

内蒙古建筑职业技术学院新校区三期工程西教学实训区教学楼、实训基地1号楼和号楼建设项目施工（一标段：教学与实训基地1号楼）施工平面布置图

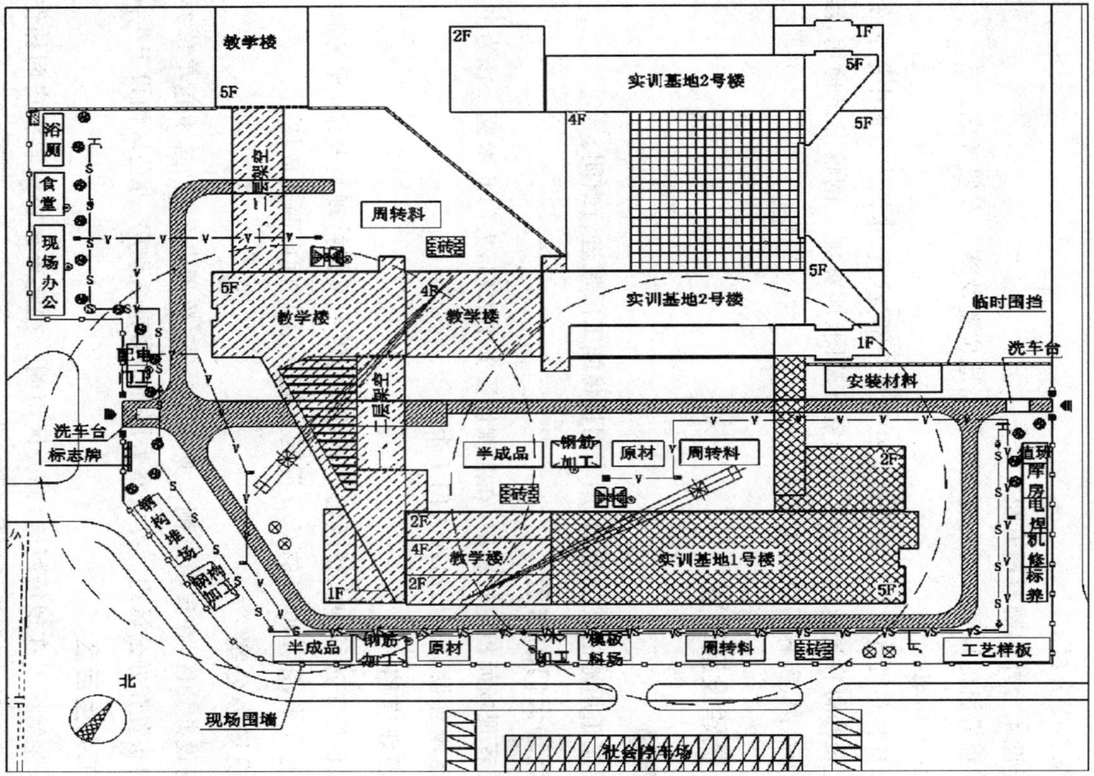

图6-1 主体结构施工现场平面布置图

图例：

▨	新建第Ⅰ部分
▤	新建第Ⅱ部分
□	新建临建
⊢	塔　吊
▮	施工电梯
— —	电缆及配电箱
– – –	施工供水管
◈	水　源
Ⓢ	干拌砂浆
⊗	干粉灭火器
⊡	化粪类池
⬡	消火栓
▦	施工道路
⠿	现场绿化

1. 施工用水、用电就近从现有业有预留水电源接出。

2. 现场布置部分办公用房、食堂，其余办公、生活临建在场外另租场地解决。现场主要布置材料加工及材料堆场。

3. 出入口内侧设置各车辆自动冲洗设备、高压水枪、沉淀池、排水沟，对各类运输车辆进行冲洗。

4. 施工现场内设置的预拌砂浆罐，钢筋加工制作场地、木工棚等场地的预留地硬化处理，并挂各种机械设备安全技术操作规程牌、安全警示牌及安全负责任牌。

5. 沿施工道路一边设排水明沟，沟端头设沉淀池、施工、生活污水经沉淀后排入市政排污管。

3. 装修施工阶段现场平面布置

（1）物料提升机

现场设 4 台外用物料提升机。

物料提升机的设置和现场材料堆放场地位置及施工方便考虑。

（2）加工场地

装修材料和机电材料加工场地设在现场中部，沙石、水泥库房集中堆放在提升井架附近。

以上装修材料堆放场地在不影响室外总图、园林施工的情况下使用，跟据工程进展，逐步清理，为总图、园林提供施工场地。

4.5.3 临建设施布置

1. 围墙

按照施工用地的红线范围，用彩钢板将施工区域进行封闭。

2. 现场大门的布置

本工程现场面积比较集中，在北侧设置 1 个大门，大门 6 米宽。作为主要出入口。生活区、办公区单独设置人员出入大门 1 个。

3. 现场道路

为保证施工过程中大型运输车辆行驶的需要及保持现场整洁，现场沿围墙设环形混凝土道路，宽 6 米，用 100 厚的 C15 混凝土铺设，由中间向两边放坡。

4. 现场办公室

现场设办公区，在现场东侧。业主办公室、监理办公室、总承包单位办公室、指定分包办公室均布置在办公区内。办公室采用轻型彩钢活动房，办公区内设卫生间。

5. 工人生活区

工人生活区设在现场西侧，办公区南侧。在此布置轻钢彩板房两栋作为宿舍，生活区内设食堂、厕所等配套生活设施。

6. 试验室、库房、机修间、木工加工房

在拟建建筑东侧，设置试验室、库房、机修间。试验室配备恒温加湿等装置，满足混凝土试块标准养护等现场试验要求的条件。

7. 警卫室

在大门口设置活动的警卫室。

8. 厕所

生活区设一个固定厕所；现场设置移动厕所，定时清理。

9. 垃圾站

在大门处设置一座分类封闭垃圾站，砖混结构，外墙抹灰刷涂料。

4.6　现场临时用电布置

4.6.1　现场临电概况

临时电源由甲方提供的电源点引来。采用 TN-S 三相五线制保护系统供电。

4.6.2　高峰期负荷计算

1. 计算公式

$$P_\mathrm{j} = KPK_\mathrm{x} \sum P_\mathrm{e}$$

K_x 是需要系数（K_x 照明 $=1$，K_x 动力 $=0.7$）；

同期系数 $KP=0.8$。

$$Q_\mathrm{j} = P_\mathrm{j} \mathrm{tg}\varphi$$

$\mathrm{tg}\varphi$ 照明 $=1.33$，$\mathrm{tg}\varphi$ 动力 $=0.75$。

2. 总动力负荷计算

$$P_\mathrm{j} = KPK_\mathrm{x} \sum P_\mathrm{e} = 0.8 \times 0.7 \times 466.2 = 261.1 \mathrm{KW}$$

$$Q_\mathrm{j} = P_\mathrm{j} \mathrm{tg}\varphi = 193 \times 0.5 = 96.5 \mathrm{KVAR}$$

3. 照明负荷计算

$$P_\mathrm{j} = KPK_\mathrm{x} \sum P_\mathrm{e} = 0.8 \times 1 \times 357.6 = 286.1 \mathrm{KW}$$

$$Q_\mathrm{j} = P_\mathrm{j} \mathrm{tg}\varphi = 96.5 \times 1.33 = 128.35 \mathrm{KVA}$$

4. 施工现场总负荷计算

$$S_\mathrm{j总} = \sqrt{P_\mathrm{j总} \times P_\mathrm{j总} + Q_\mathrm{j总} \times Q_\mathrm{j总}} = 313.6 \mathrm{KVA}$$

考虑变压器的经济运行容量，实际选 p 用变压器的容量应比计算容量增加（20～30）%为宜。因此需要的电源容量为

$$S_实 = 313.6 \times 130\% = 407.7 \mathrm{KVA}$$

现场所提供用电容量为 450KVA，能满足现场施工的需要。

4.6.3　配电箱设置

根据现场实际情况及供电安全的要求，现场共设置 4 条供电线路，分别向两台塔吊、模板加工区、钢筋加工区、办公区和生活区供电。具体布置仅按照已知设备功率及施工平面计算，现场可根据实际设备布置及功率进行调整，各楼层施工中可按照要求添加电箱。

现场配电箱均作防砸压防雨雪之安全防护。

各用电点均使用手持箱从二级箱取电。

在正负零以下进行施工时，由于现场情况比较复杂，要求对所有电缆采取穿钢管等临时保护措施。项目应结合现场实际情况制订切实可行之保护方案。

4.6.4 电缆的敷设

现场电缆采用埋地敷设。

电缆沿电缆沟埋地敷设,深度80cm,电缆埋设时用沙土回填,上盖红砖抹砂浆。电缆过路必须穿钢管。电缆敷设完毕后,应做电缆标桩,标明走向。

所有用电单位使用三级箱自二级箱取电。

固定式电箱的下底与地面的垂直距离应大于1.3m～1.5m。

4.6.5 现场防雷接地

一般各配电箱、电机、机械设备等所有不带电的金属外壳均应作可靠接地,接地电阻不大于10Ω,如达不到要求,可由现场加接地极或加降阻剂等。接地应与现场配电室的接地系统可靠连接。接地装置的做法参见华北标或国标。

施工现场内的塔吊安装防雷装置。加装避雷针,针长为1m～2m。同时加装避雷针的机械设备所用的动力控制、照明、信号、通信等线路应采用钢管敷设。并将钢管和该机械设备的金属结构体作电气连接。接地电阻不得大于10Ω。

塔吊回路,在专用箱设置重复接地,接地电阻小于4Ω。接地体可采用50×50×5长度2.5m的镀锌角钢,间隔5m打入地下。接地线采用40×4的镀锌角钢与接地体焊接,保证接地体和PE线端子做良好的电气连接。

4.6.6 临时用电系统的使用、管理与维护

消防泵电源电缆必须从现场配电总开关上口接出,不得接在下口。

非安全电压线路须穿墙体预留洞进入楼层。

楼层照明灯具高度必须大于1.9m。

楼层配电箱必须安放在干燥通风的部位。

工地所有配电箱都要标明箱的名称、所控制的各线路称谓、编号、用途等。

配电箱及开关箱的周围应有两人同时工作的足够空间和通道,不要在箱旁堆放建筑材料和杂草、杂物。

为了在发生火灾等紧急情况时能保证现场照明不中断,配电箱内的动力开关与照明开关必须分开使用。

开关箱应由分配电箱配电。注意开关箱内的用电设备不可一闸多用,每台设备应有各自的开关箱,严禁一个开关电器控制两台以上的用电设备(含插座),以保证安全。

开关箱内的开关电器的额定值与动作整定值应与用电设备相匹配。

潮湿场所照明必须使用安全电压。

4.7 现场临时用水布置

4.7.1 设计内容

施工现场生产、消防临时设施给水设计。

4.7.2 设计方案

1. 临时用水水源设计

现场临时用水引自位于现场提供的市政给水管,引入管选用 DN100 镀锌钢管,引入管加水表计量。

2. 消火栓系统用水量

本工程设计同一时间内火灾发生次数为 1 次,室外消火栓系统用水量为 15L/S,室内消火栓用水量设计为 10L/S,消火栓系统总用水量为 25L/S。

3. 室内、外消火栓系统设计

室外消火栓采用低压消防给水系统,由市政给水直接给水,平时管网内水压较低,仅满足施工生产用水即可,室外消火栓按不大于 50 米的间距布置 7 个室外地下式消火栓,但要求木工房、集中库房等易发生火灾的地方必须设置消火栓,由市政水直接供给。给水干管各处按用水点需要预留甩口及引入建筑物内。

由于是临时消火栓系统,故室内消火栓系统按一股充实水柱到达任何部位、保护半径不超过 25 米考虑布置,楼内竖管采用 DN100,竖管上每层设室内消火栓,并预留甩口,以供施工用水。竖管可以设在楼梯间,随着结构施工的进度逐层加高。室内消火栓设计采用 19mm 喷嘴,φ65 栓口,25m 长麻质水龙带。

4. 现场临时消防管网敷设

本设计施工现场的室外临时消防管环状布置敷设。楼内消防给水引入管依据在施工程的实际情况,设置预留洞引入位置,避免破坏结构,在工程开工后,报监理工程师批准。

5. 生产给水系统

由于是现场临时给水系统,故设计消防与生产给水系统管道共用,平时管道供生产用,火灾时停产,全部管道供消防;且整个系统的主管道按消防的水量、水压设计。

生产给水管根据需要由现场消防管线主管上预留甩口,分别供给办公室、混凝土泵等生产用水。施工现场各预留用水点的支管均不单设阀门井,只在入户后的立管上设阀门控制。

6. 化粪池的选择计算

使用人数按 500 人考虑,化粪池清掏周期 90 天,污水在化粪池内停留时间为 12 小时,水量定额 $q=30L/(人·日)$。

选择化粪池的有效容积为:6m³

化粪池的型号为:Z3 – 6SQF

标准图集:02S701

外形尺寸:

化粪池底板的长(L):5.62m

宽(B):2.38m

化粪池池身的长(L3):5.22m

宽(B3):1.98m

7. 施工、生活、雨水排水措施

本工程设计污水、废水合流排放。卫生间的污水、废水先排入化粪池处理,然后接至现场附近的排水管网。施工污废水统一排入沉淀池,在排水沟(管)末端设置水质检查井,经沉淀过滤检查符合要求后排入市政污水管网;现场按排水要求设置雨水排水沟(管),在沟(管)末端设置沉淀池及水质检查井,雨水经沉淀符合要求后排入市政排水管网。

8. 临时用水系统的维护与管理

(1)施工时应注意保证消防管路畅通,消火栓箱内设施完备且箱前道路畅通,无阻塞或堆放杂物。

(2)现场平面应及时清扫,保证干净、无积水。

(3)应加强施工现场厕所的管理,及时清扫、冲洗,保持整洁,无堵塞现象。

(4)对于有渗漏的管线及截门应及时进行维修。

(5)冬季施工时应作好防冻涨工作。

(6)各个施工用水点作到人走水关,杜绝长流水现象发生。

高职高专"十三五"建筑及工程管理类专业系列规划教材

> **建筑设计类**

  (1)素描

  (2)色彩

  (3)构成

  (4)人体工程学

  (5)画法几何与阴影透视

  (6)3dsMAX

  (7)Photoshop

  (8)CorelDraw

  (9)Lightscape

  (10)建筑物理

  (11)建筑初步

  (12)建筑模型制作

  (13)建筑设计概论

  (14)建筑设计原理

  (15)中外建筑史

  (16)建筑结构设计

  (17)室内设计

  (18)手绘效果图表现技法

  (19)建筑装饰设计

  (20)建筑装饰制图

  (21)建筑装饰材料

  (22)建筑装饰构造

  (23)建筑装饰工程项目管理

  (24)建筑装饰施工组织与管理

  (25)建筑装饰施工技术

  (26)建筑装饰工程概预算

  (27)居住建筑设计

  (28)公共建筑设计

  (29)工业建筑设计

  (30)城市规划原理

> **土建施工类**

  (1)建筑工程制图与识图

  (2)建筑构造

  (3)建筑材料

  (4)建筑工程测量

  (5)建筑力学

  (6)建筑 CAD

  (7)工程经济

  (8)钢筋混凝土与砌体结构

  (9)房屋建筑学

  (10)土力学与地基基础

  (11)建筑设备

  (12)建筑结构

  (13)建筑施工技术

  (14)建筑工程计量与计价

  (15)钢结构识图

  (16)建设工程概论

  (17)建筑工程项目管理

  (18)建筑工程概预算

  (19)建筑施工组织与管理

  (20)高层建筑施工

  (21)建设工程监理概论

  (22)建设工程合同管理

> **建筑设备类**

  (1)电工基础

  (2)电子技术

  (3)流体力学

  (4)热工学基础

  (5)自动控制原理

  (6)单片机原理及其应用

  (7)PLC 应用技术

（8）电机与拖动基础

（9）建筑弱电技术

（10）建筑设备

（11）建筑电气控制技术

（12）建筑电气施工技术

（13）建筑供电与照明系统

（14）建筑给排水工程

（15）楼宇智能化技术

> **工程管理类**

（1）建设工程概论

（2）建筑工程项目管理

（3）建筑工程概预算

（4）建筑法规

（5）建设工程招投标与合同管理

（6）工程造价

（7）建筑工程定额与预算

（8）建筑设备安装

（9）建筑工程资料管理

（10）建筑工程质量与安全管理

（11）建筑工程管理

（12）建筑装饰工程预算

（13）安装工程概预算

（14）工程造价案例分析与实务

（15）建筑工程经济与管理

（16）建筑企业管理

（17）建筑工程预算电算化

> **房地产类**

（1）房地产开发与经营

（2）房地产估价

（3）房地产经济学

（4）房地产市场调查

（5）房地产市场营销策划

（6）房地产经纪

（7）房地产测绘

（8）房地产基本制度与政策

（9）房地产金融

（10）房地产开发企业会计

（11）房地产投资分析

（12）房地产项目管理

（13）房地产项目策划

（14）物业管理

欢迎各位老师联系投稿！

联系人：祝翠华

手机：13572026447　　**办公电话**：029－82665375

电子邮件：zhu_cuihua@163.com　37209887@qq.com

QQ：37209887（加为好友时请注明"教材编写"等字样）

图书在版编目（CIP）数据

计算机辅助施工管理/任尚万主编. —西安:西
安交通大学出版社，2018.3
ISBN 978-7-5693-0491-6

Ⅰ.①计… Ⅱ.①任… Ⅲ.①建筑工程-施工管理-
计算机辅助管理-教材 Ⅳ.①TU71-39

中国版本图书馆 CIP 数据核字(2018)第 053125 号

书　　名　计算机辅助施工管理
主　　编　任尚万
责任编辑　祝翠华

出版发行　西安交通大学出版社
　　　　　（西安市兴庆南路 10 号　邮政编码 710049）
网　　址　http://www.xjtupress.com
电　　话　(029)82668357　82667874(发行中心)
　　　　　(029)82668315(总编办)
传　　真　(029)82668280
印　　刷　陕西日报社

开　　本　787mm×1092mm　1/16　印张　10.875　字数　259 千字
版次印次　2018 年 8 月第 1 版　　2018 年 8 月第 1 次印刷
书　　号　ISBN 978-7-5693-0491-6
定　　价　32.80 元

读者购书、书店添货、如发现印装质量问题，请与本社发行中心联系、调换。
订购热线：(029)82665248　(029)82665249
投稿热线：(029)82668526
读者信箱：BIM_xj@126.com